辉煌40载

——中国环境监测成就与展望

生态环境部生态环境监测司
中 国 环 境 监 测 总 站　编著

中国环境出版集团 · 北京

图书在版编目（CIP）数据

辉煌40载：中国环境监测成就与展望 / 生态环境部生态环境监测司，中国环境监测总站编著．— 北京：中国环境出版集团，2018.12（2019.4重印）

ISBN 978-7-5111-3884-2

Ⅰ．①辉… Ⅱ．①生… ②中… Ⅲ．①环境监测—成就—中国 Ⅳ．①X83

中国版本图书馆CIP数据核字（2018）第295820号

出 版 人　武德凯
责任编辑　曹　玮
责任校对　任　丽
装帧设计　费军伟

出版发行　中国环境出版集团
（100062 北京市东城区广渠门内大街16号）
网　　址：http://www.cesp.com.cn
电子邮箱：bjgl@cesp.com.cn
联系电话：010-67112765（编辑管理部）
发行热线：010-67125803，010-67113405（传真）
印　　刷　北京建宏印刷有限公司
经　　销　各地新华书店
版　　次　2018年12月第1版
印　　次　2019年4月第2次印刷
开　　本　787×1092　1/16
印　　张　13.5
字　　数　280千字
定　　价　48.00元

编写委员会

主　编： 陈传忠

副主编： 赵　岑　陈远航　孙　媛　刘海江　李　茜　王　光　胡天洋　王军霞　朱　擎　魏峻山　文小明

委　员：（以姓氏笔画为序）

丁　页　刀　谞　于　洋（人事处）　于　洋（生态室）　于海斌
马广文　马莉娟　王　帅　王秀琴　王明翠　王　威　王晓彦
王　超　王　鑫　方德昆　史　宇　白　雪　白　煜　冯　丹
师耀龙　吕天峰　朱莉莉　刘　允　刘　冰　刘　喆　米方卓
孙　聪　孙　康　杜　丽　李文攀　李东一　李　季　李　金
李　亮　李宪同　李莉娜　李　曼　李　曌　杨一鹏　杨　婧
吴　迪　吴晓凤　汪　赟　汪　巍　汪太明　张凤英　张殷俊
张霂琳　陈亚男　陈　鑫　林兰钰　金小伟　周　冏　周　密
宗蕙娟　孟晓艳　赵晓军　倪　永　梁　宵　董贵华　嵇晓燕
解淑艳　谭　丽　滕　曼

序

1978年，党的十一届三中全会做出了改革开放这一决定当代中国命运的历史性抉择。从此，古老的中华大地重新焕发出勃勃生机。

为隆重庆祝改革开放四十周年，系统总结我国环境监测事业发展取得的辉煌成就和成功经验。生态环境部组织编写了《辉煌四十载——中国环境监测成就与展望》一书。

我国环境监测事业始终与共和国改革开放的脚步相伴随。回眸历史，从20世纪70年代艰难起步，到80年代成长发展，再到21世纪初跨跃提升，最后到党的十八大以后的改革创新，历经40余载砥砺奋进和几代监测人的探索拼搏，我国环境监测事业发展可谓硕果累累、成就辉煌。

如今，我国已经形成了较为完备的环境监测组织机构和人才队伍体系，建成了全世界规模最大的环境监测网络，打造了先进适用的环境监测业务体系，构建了适合我国国情的环境监测技术体系，建立了较为完善的环境监测法规制度体系，为支撑环境管理需求、保证环境监测数据质量真实可靠提供了有力保障，为生态文明建设、打赢污染防治攻坚战提供了坚实基础。

环境监测是保护环境的基础工作，是推进生态文明建设的重要支撑。随着生态文明建设和生态环境保护事业的深入推进，生态环境监测工作的重要性也越发凸显。党的十八大以来，党中央、国务院高度重视生态环境监测工作，连续印发了《生态环境监测网络建设方案》《关于省以下环保机构监测监察执法垂直管理制度改革试点工作的指导意见》和《关于深化环境监测改革提高环境监测数据质量的意见》等多份环境监测方面的改革文件，为环境监测改革发展工作提出了新的要求，也让生态环境监测由此踏入改革创新、快速发展的辉煌征程。

潮平两岸阔，风正一帆悬。当前生态环境监测事业改革发展已站在新的历史起点上，面临着难得的历史机遇。全国生态环境保护大会对当前和今后一个时期我国生态环境保护工作做出了战略部署。生态环境治理体系与治理能力的现代化离不开生态环境监测体系与监测能力的现代化。全国生态环境监测系统同志，要认真学习贯彻习近平生态文明思想，认清形势，抢抓机遇，乘势而上，用实际行动践行监测为民的根本宗旨，为建设天蓝、地绿、水净的美丽中国做出新的更大的贡献。

2018 年 12 月

目　录

第一篇　发展历程

我国环境监测事业与环境保护工作相伴而生，共同成长。回眸40年来的发展历程，环境监测事业经历了四个阶段：孕育萌芽的初创期、探索积累的成长期、拓展壮大的发展期、创新飞跃的改革期。这期间，一代代环境监测人前赴后继，挥洒汗水，贡献智慧和力量，共同推动了环境监测法规制度、机构队伍、网络体系、业务领域和技术体系的逐步建立与健全，共同铸就了环境监测事业发展的辉煌成绩，实现了环境监测从无到有、从小到大、从弱到强、从分散封闭到集成联动、从现状监测到预测预警的巨大转变，初步建成了陆海统筹、天地一体、上下联动、信息共享的生态环境监测体系，为生态文明建设和环境管理提供了强有力的支撑。

第一章 初创期

1973 年 8 月，以第一次全国环境保护会议在北京召开为标志，中国环境保护事业拉开序幕，环境监测事业也随之起步。1974 年起，重点城市和条件较好的地方开始陆续建设起第一批环境监测机构，至国家级环境监测机构——中国环境监测总站（以下简称“监测总站”）正式成立，全国环境监测组织架构初步形成，环境监测事业发展的基础初步奠定。

一、明确环境监测机构职能与定位

明确环境监测机构的职能与定位是发展环境监测事业、建设环境监测机构的基础。在环境监测的初创与起步阶段，通过几份重要文件的出台，监测机构的职能逐步确立和明晰。

（一）1973 年《关于保护和改善环境的若干规定（试行草案）》

1973 年 8 月 5 日至 20 日，由国务院委托国家计委在北京组织召开的中国第一次环境保护会议，审议通过了“全面规划、合理布局、综合利用、化害为利、依靠群众、大家动手、保护环境、造福人民”的环境保护工作 32 字方针，会议推动了中国环境保护工作的开展，成为我国环保事业的第一个里程碑。会议审议通过了中国第一个环境保护文件——《关于保护和改善环境的若干规定（试行草案）》，这份文件也首次对环境监测的职能和任务予以明确：

“八是认真开展环境监测工作。由国家环境保护部门会同卫生部门，拟定和修订污染物排放标准、卫生标准，并颁布试行。以现有卫生系统的卫生防疫单位为基础，对人员和仪器设备进行适当调整和充实，担负起监测任务。有的地方也可单独设立监测机构。环境监测机构有权监督和检查各企业、事业单位执行国家卫生标准和污染物排放标准的情况，检查水系、海域、大气、土壤、农副产品、食品等污染情况，并及时向当地主管部门作出报告。工业、农林、交通、水利、外贸、商业、海洋、气象等部门，以及大中型企业，要指定有关机构或设置专职人员，负责本单位、本行业的监测工作。”

这份文件中还提出了防治污染措施必须与主体工程同时设计、同时施工、同时投产的“三同时”原则，后来成为我国第一项环境管理制度。

（二）1974 年《环境保护规划要点》

1974 年，国务院环境保护领导小组印发《环境保护规划要点》，其中提出“在三至五年内，各省、市、区以及重点工业城镇都要建立和健全环境监测机构，担负起监测任务；工业、农林、交通、水利、外贸、商业、海洋、气象等部门，以及大、中型企业，要指定有关机构或设置专职人员，负责本单位、本行业的监测工作；卫生部建立全国环境监测中心，负责全国监测工作的资料综合分析、技术指导和科研等任务。到 1980 年，全国基本形成健全的环境监测系统，能做到及时查清污染源和污染物质，为环境治理提供依据”。

（三）1978 年《环境保护工作汇报要点》

1978 年，中共中央批转的国务院环境保护领导小组关于《环境保护工作汇报要点》中提出：“加强环境监测和环境科学研究。环境监测在环境保护工作中占有重要地位，它是环境保护工作的耳目，是防治环境污染的依据。目前，我国环境监测工作力量薄弱，技术落后，不能及时正确地反映污染现状、原因及其危害程度，因此必须下决心逐步地把各级环境保护部门的监测机构充实和建立起来，组成一个现代化的全国环境监测网络。在国内加强监测设备仪器研制和生产的同时，也要从国外引进一些现代化的技术装备，使监测工作朝着连续自动和标准化的方向迈进。我们打算先重点装备一个全国环境监测总站和几个重点城市的大气自动监测站，以及主要江河、海湾的水质监测站。”

“环境监测的范围很广，国务院环境保护部门设立全国环境监测总站，并加强同卫生、水利、农业、水产、气象、地质、海洋、交通、商业、工业等部门的协作，合理分工，密切配合，组成全国的环境监测网络。卫生部门要大力充实和加强各级卫生防疫站，担起环境污染对人体健康影响的监测任务，并参加有关环境标准的制订”。“为了评价环境质量，组织制定环境标准，统一监测方法和突破某些污染治理技术，根据中共中央批转《关于城市建设工作的意见》中，国家要设立环境保护科研机构的决定，拟成立环境保护研究院（包括环境监测总站），编制暂定 500 人”。

（四）1979 年《中华人民共和国环境保护法（试行）》

1979 年 9 月，我国颁布了新中国成立以来第一部综合性的环境保护基本法——《中华人民共和国环境保护法（试行）》，使环境保护工作步入法制轨道。其中第四章明确了国务院设立环境保护机构，主要职责中包括统一组织环境监测，调查和掌握全国环境状况和发展趋势，提出改善措施。

这一时期，通过上述四份重要文件，环境监测的职能、任务与初期建设目标基本确立起来：第一，明确了环境监测机构具备监督和检查职能。环境监测机构有权监督和检查企事业单位执行国家卫生标准和污染物排放标准的情况，检查水系、海域、大气、土壤、农副产品、食品等污染情况。由此可见，环境监测机构自诞生之初，就属于政府行为，具有技术监督职能。第二，明确了环境监测分工负责原则。国务院设立环境保护机构，统一组织环境监测，工业、农林、交通、水利、外贸、商业、海洋、气象等部门，以及大中型企业，要指定有关机构或设置专职人员，负责本单位、本行业的监测工作。第三，明确了环境监测的定位。环境监测是环境保护工作的耳目，是防治环境污染的依据。第四，明确了环境监测的主要任务。环境监测机构要调查和掌握全国环境状况和发展趋势，正确地反映污染现状、原因及其危害程度，提出改善措施。第五，明确了环境监测发展初期的建设目标。到 1980 年，全国基本形成健全的环境监测系统，能做到及时查清污染源和污染物质，为环境治理提供依据。这些内容不仅为当时环境监测的发展指明了思路和方向，在后来 40 年的发展历程中，也始终坚持并深化着这一主线。

二、环境监测机构建设

按照国务院《关于保护和改善环境的若干规定》的要求，自 1973 年底开始，我国第一批省、市环境监测机构启动建设，广东、吉林、云南、北京、海南等地的省级环境监测机构建设较早，其中广东省环境监测中心站是全国第一个正式批准建设的环境监测站。长春、沈阳、大同、德州、广州、武汉等 20 个重点城市及条件较好城市也逐步建立起市级环境监测站，其他地区的省市在 1976 年前后陆续开始建立环境监测站。这一时期批复建设的环境监测站，大部分仍采取与卫生防疫站合署办公的建制，与卫生防疫站共用业务用房和仪器设备。没有建设环境监测机构的省市，大多数也在卫生防疫站中确定了相对固定的从事环境监测工作的专职或兼职人员。

然而，虽然重点省市环境监测站相继建立，也开展了环境污染调查和区域环境质量评价等业务工作，但是这些监测站远远不能适应国家环保事业发展的需要，国家亟需有统一的监测技术、方法和规范，需要对监测人员进行技术培训，确保监测数据的准确、可靠。

在这一背景下，1978 年 12 月 31 日，中共中央批转了国务院环境保护领导小组上报的《环境保护工作汇报要点》，要点中决定“国务院环境保护部门设立全国环境监测总站”，并提出“国家要设立环境保护科研机构，拟成立环境保护研究院（包括环境监测总站），编制暂定 500 人”。

1979 年 5 月 14 日，国务院环境保护领导小组在（79）国环办字 40 号文中确定，拟成立的中国环境科学研究院由中国环境科学研究院、中国环境监测总站、中国环境科学情报研究所和代管的中国环境科学学会办公室 4 个部门组合而成。对外 4 块牌子，对内一套行政机构。1979 年 11 月 12 日，国家计划委员会下发《关于中国环境科学研究院和中国环境监测总站计划任务书的复函》（计基〔1979〕644 号），批准建设中国环境科学研究院和中国环境监测总站，编制为 500 人。监测总站的成立标志着国家尺度的环境监测工作开始起步，国家—省—市—县四级环境监测体系框架初步形成。

在中央和地方政府的支持下，到 1980 年，全国已有环境监测站 312 个，监测人员 5 200 余人。

三、主要业务工作

1972 年，在周恩来总理的指示下，我国派代表参加了在斯德哥尔摩召开的人类环境会议，深刻地意识到中国存在着严重的环境问题，环境问题将对经济社会发展产生重大影响。会后不久即召开了第一次全国环境保护会议，环境保护事业和污染防治工作以实行“三废”治理和综合利用为重点起步。在这一时期，我国环境污染问题逐渐暴露出来，连续发生了北京官厅水库、松花江等水污染事件，环境保护工作主要针对环境问题、环境事故、重大环境灾害开展污染调查和污染防治途径研究。

这一时期的环境监测工作也以污染调查监测为主，主要开展被污染地区环境质量监测和周边污染排放监测，以弄清污染程度和污染原因。全国各地的监测人共同启动了全国环境监测事业的奠基性工作，各级各地环境监测站围绕及时、准确、全面地掌握环境质量状况和污染排放状况，相继开展了属地“三废”污染调查和地区性空气、水质监测评价，北京、沈阳等城市率先进行城市空气质量监测，建立了属地空气质量监测网。在国家计划委员会、卫生部、国务院环境保护领导小组等组织领导下，先后开展了北京官厅水库污染调查、北京西郊环境质量评价、白洋淀污染调查、松花江污染调查、渤海、黄海污染调查等地区性环境污染调查监测，通过这些调查监测，对环境监测点位布设和质量评价的技术规范、方法标准等作出了早期的探索。1980 年 4 月，国务院环境保护领导小组下发《关于试行大气、地面水、地下水监测统计报表的通知》（国环办字〔53〕）提出了实行统一的报告格式和监测数据的处理方法等内容；同年 11 月，国环办提出了《关于环境监测站建设的几点意见》，对全国例行环境监测任务作出了规定，明确了大气、地表水、地下水、噪声、固体废物等监测项目、监测频率、监测方法等内容。

1980 年底，为了开好第一次全国环境监测工作会议，根据国环办的指示和要求，由监测总站牵头起草了《环境监测条例（试行）》《环境监测条例（试行）实施细则》《关于建立“环境质量报告书”制度的意见》等三个文件，关于全国环境监测机构的性质、地位、人员编制、主要任务、工作组织形式等基础制度开始创立。

第二章　成长期

经过几年的时间，我国环境监测工作已经有了初步基础，1980 年 12 月，国务院环境保护领导小组办公室在山东省潍坊市召开第一次全国环境保护系统监测工作会议，研究探索环境监测事业发展的方向、任务和目标。此后，以六次环境监测大会为线索，环境监测逐步走上制度化、规范化发展轨道。这一阶段，环境管理转向以污染防治和总量控制为主，要求环境监测说清污染源排放状况以及城市空气、地表水环境质量达标情况，环境监测的主要任务也从最初的“三废”监测发展到开展大规模污染源监督性监测和环境质量监测。

一、第一次全国环境监测会议

1980 年 12 月，国务院环境保护领导小组办公室在山东省潍坊市召开全国环境保护系统监测工作会议，研究探索环境监测事业发展的方向、任务和目标。会议要求要建好环境监测机构，首先要把监测总站、环境监测网和环保系统的 64 个骨干监测站建设起来。会议讨论了三份奠基性文件，即《环境监测条例（试行）》《环境监测条例（试行）实施细则》《关于建立“环境质量报告书”制度的意见》。会上讨论的环境监测条例，于 1983 年 7 月由当时的城乡建设环境保护部正式颁发，命名为《全国环境监测管理条例》，以部门规章的形式对我国环境监测的体制机制、监测机构的性质、地位等重大问题做出了规范和明确，在环境监测发展历史上具有重要作用。主要内容如下：

1．明确环境监测的任务和组织形式。环境监测的任务是对环境中各项要素进行经常性监测，掌握和评价环境质量状况及发展趋势；对各有关单位排放污染物的情况进行监视性监测；为政府部门执行各项环境法规、标准全面开展环境管理工作提供准确、可靠的监测数据和资料；开展环境测试技术研究，促进环境监测技术的发展。环境监测工作在各级环境保护主管部门的统一规划、组织和协调下进行。各部门、企事业单位的环境测试机构参加环境保护主管部门组织的各级环境监测网。

2．明确环境监测机构设置与职能。各级环境保护部门设置环境监测管理机构或专人，统一管理环境监测工作。全国环境保护系统设置四级环境监测站。各级环境监测站受同级环境保护主管部门的领导，业务上受上一级环境监测站的指导。各级环境监测站是科学技术事业单位，根据主管部门的授权范围，对破坏和污染环境的行为行使监督和检查权力。条例中还明确提出了各级监测管理部门、各级监测站、各部门专业监测机构的主要职能，以及各级监测站的建设规模、人员结构、装备标准等，成为各地推动环境监测机构能力建设的重要依据。

3. 明确环境监测网络建设和报告制度。明确全国环境监测网分为国家网、省级网和市级网三级，各大水系、海洋、农业分别成立水系、海洋和农业环境监测网，属于国家网内的二级网。环境监测网的任务是联合协作，开展各项环境监测活动，汇总资料、综合整理，为向各级政府全面报告环境质量状况提供基础数据和资料。环境监测实行月报、年报和定期编报环境质量报告书的制度。

二、第二次全国环境监测会议

1981 年，国务院印发了《关于在国民经济调整时期加强环境保护工作的决定》（国务院〔81〕27 号）。其中提出“六、加强环境监测、科研和人才培养。环境监测是开展环境管理和科研工作的基础。环境保护部门要抓紧各级环境监测站的建设，争取尽快把全国环境监测总站和六十四个省级、重点城市的环境监测站装备起来，形成工作能力。同时，由环境保护部门牵头，把各有关部门的监测力量组织起来，密切配合，形成全国环境监测网络。要把各地区的环境状况逐步调查清楚。并在一部分地区和城市试行环境监测报告制度，定期提出环境质量报告书”。这里提到的四项重点任务：装备监测总站和 64 个重点站、建设全国环境监测网络、调查各地区环境状况和试行环境监测报告制度，成为这一时期监测工作的重点。

1981 年 8 月 10 日，在江西省井冈山召开的第二次全国环境监测会议，提出环境监测是环境保护的“耳目”和“哨兵”，要掌握全国环境质量的变化趋势，并提出了开展污染源监测工作。这次会议重点是研究和部署实施《关于建立“环境质量报告书”制度的意见》。会议决定 8 个省份、14 个城市自 1982 年开始正式编报《环境质量报告书》。8 个省份为北京、天津、上海、吉林、山西、湖南、广东、广西。14 个城市为沈阳、长春、吉林、太原、包头、呼和浩特、郑州、长沙、成都、重庆、广州、南宁、桂林、黄石。第一本国家级环境质量报告书也在这一年编写完成，由国务院环境保护领导小组办公室组织监测总站等 13 个单位组成编写组，编制 1980 年《中国部分地区、城市环境质量基本状况》。

1983 年，城乡建设环境保护部印发《关于进行大气环境自动监测系统建设的函》（建环字〔83〕290 号），在上海、天津、沈阳、南京、武汉、广州、长沙、西安、石家庄、太原、重庆、包头、桂林、鞍山、洛阳等 15 个城市开始建设我国第一批大气自动监测系统，监测项目主要是二氧化硫（SO_2）、氮氧化物（NO_x）和总悬浮颗粒物（TSP）。

三、第三次全国环境监测会议

1984 年 10 月 6 日，第三次全国环境监测会议在青海省西宁市召开，会议提出环境管理必须依靠环境监测，环境监测必须为环境管理服务。环境监测不仅是“耳目”和“哨兵”，还是环境保护的“尺子”，进一步深化了环境监测在环境执法管理中的技术监督功能。

从 1980 年到 1985 年，全国环境监测站机构队伍迅速发展壮大，国务院决定建设的 64 个重点环境监测站全部建成，并具备了较好的常规监测能力，成为国家环境监测网络的骨干站。1985 年，全国环保系统共建成了 1 332 个监测站，其中省级站达到 27 个，地市级站 333 个，县级站 927 个，环境监测人员也达到了 19 815 人，各级监测站的业务用房面积达 48 万 m^2，各类大中型仪器设备 13 800 多套件。同时，卫生、海洋、水利、农业及石油、化工、冶金、轻工等主要工业部门也相应成立了一批专业监测机构，从事环境监测的人数近 2 万人。

第三次监测会议后，环境监测网络进一步完善。1988 年，国家环境保护局在《关于发布〈国家环境监测网络方案〉的通知》（环监〔1988〕 第 235 号）中首次确定了由 108 个监测站组成国家地表水环境监测网络，承担全国主要河流共 353 个断面和 26 座重点湖库的监测任务。监测指标为 pH 值、溶解氧、化学需氧量、生化需氧量、氨氮、亚硝酸盐氮、挥发性酚、氰化物、砷、汞、铅、镉和油，监测频次按丰、枯、平三个水期，每个水期监测 2 次。1985 年和 1987 年，分别建立广西壮族自治区北海海洋环境监测站和浙江省舟山海洋生态环境监测站，开展近岸海域监测。1986 年，建立了以国家环境保护重点城市为主，包括省会城市、沿海开放城市、风景旅游城市和历史文化名城共 52 个城市的全国环境噪声监测网络。1986 年，以 1985 年为基准年开展了一次全面系统的工业污染源统计调查。

这期间，有关环境监测的规范化管理制度逐步建立，例行环境质量监测开始实行，由监测总站牵头开展了多项全国性调查监测和重大环境课题，例如首次在全国开展了“环境背景值调查与研究”，获取水、土、沉积物等样品 3 万余个，测定出中国土壤 61 个元素背景值，取得了一批国际领先水平的研究成果；首次开展了“全国粮食农药（六六六、滴滴涕）污染调查与研究”“我国降水酸度和化学组成的分布状况及变化趋势研究”等，为进一步开展污染防治奠定了基础。

四、第四次全国环境监测会议

1989 年，国务院召开第三次全国环境保护会议，会议形成了环境管理要坚持“预防为主、谁污染谁治理、强化环境管理”三大环境政策，进一步明确了环境影响评价、“三同时”、排污收费、城市环境综合整治定量考核、环保目标责任制、排污申报登记和排污许可证、限期治理、污染集中控制等八项环境管理制度，提出要加强制度建设，深化环境监管，向环境污染宣战。环境保护进入污染防治为主的阶段。与此同时，经由几次较大的地区性环境污染调查发现，环境污染主要来自污染源的超标、无序和事故性排放，由此环境监测步入对污染源的全面监督监测阶段。

1990 年 4 月 14 日，第四次全国环境监测会议在上海召开。会议提出“环境监测必须为环境管理服务，环境管理要依靠环境监测”的工作方针，基本任务是要掌握环境质量与污染物排放的动态，为环境管理提供高效服务，并把污染源监测作为迈上新台阶的重要标志。在本次会议上讨论并通过了《环境监测为环境管理“八项制度”服务的若干规定》，明确提出为主要制度服务的监测任务和内容，包括环评项目地区环境质量现状和主要源污染监测与评价、环保设施竣工验收监测、排放源达标监测、周围环境影响监测以及排放污染物种类、浓度与总量监测等，污染源监测体系逐步建立起来。

同年，监测总站基于第一次全国工业污染源调查的成果，建成我国第一个全国重点工业污染源数据库和汇总数据库系统，完成《全国 3 000 家重点污染企业名录》，其等标污染负荷占全国等标污染负荷的 65% ~ 70%。还确定了占排污负荷 70% ~ 80% 的 6 000 家重点污染源和约占排污负荷 90% 的 9 000 家重点污染源，初步形成了污染源监控体系，为国家重点开展工业污染源污染监控奠定了基础。

1994 年，国家环保局发布《国家环境保护局关于进一步加强环境监测工作的决定》（环监〔1994〕142 号），其中首次明确提出“环境监测实质上是一项政府行为，是各级政府部门强化环境规划、协调、监督和服务职能的重要阵地，是应用监测技术手段对一切违反环境法律、行政规章和管理制度的行为进行监督，为环境执法提供科学依据的过程”，并进一步明确了环境监测应履行为环境决策提供技术支持，为环境执法实施技术监督，为社会建设提供技术服务的职能，明确了环境监测站是具有监督管理职能的社会公益性事业单位。

这一时期，环境监测进一步得到加强，制定了 13 项环境监测相关工作规定、制度和管理办法，监测网络进一步完善，队伍建设有明显成效，为管理服务的效能有所提高。特别是监测科研继续发展，全国各级环境监测站获得国家和省部级科技进步奖 788 项，市级奖项 1 050 项。

五、第五次全国环境监测会议

1996 年 7 月，国务院在北京召开第四次全国环境保护会议，提出保护环境是实施可持续发展战略的关键，保护环境就是保护生产力。这次会议确定了坚持污染防治和生态保护并重的方针，实施《污染物排放总量控制计划》《跨世纪绿色工程规划》两大举措。

同年8月，国务院颁发《国务院关于环境保护若干问题的决定》，提出“一控双达标”目标，“一控”即实行污染物总量控制，要求到2000年底，各省、自治区、直辖市要使本辖区主要污染物的排放量控制在国家规定的排放总量指标内。“双达标”即工业污染源要达到国家或地方规定的污染物排放标准；空气和地表水按功能区达到国家规定的环境质量标准。环境保护工作进入了崭新的总量控制阶段。这一阶段的突出贡献是将环境指标纳入国民经济社会发展的约束性指标，使环境保护上升到一个新的高度，也提出了通过削减总量来改善环境质量的新思路。

1997年8月18日，国家环境保护局在北京组织召开第五次全国环境监测会议，部署了“九五”时期监测目标和任务，重点要提高科学监测水平，加强对污染物排放状况和排污总量的监督，突出重点城市、重点区域环境质量监督，突出“三河三湖两控区”监测。进一步完善环境监测技术体系、网络体系和信息管理体系建设，增强技术支持、技术监督和技术服务能力，在管理体制、表征技术、数据质量和污染源监测技术监督上实现新的突破。

这一时期的环境保护工作对环境监测提出了新的更高要求，环境监测不仅要说清污染物排放状况，还要说清城市空气和地表水环境质量达标情况。为了实现这一目标，中央和地方财政开始不断加大对环境监测的投入，布设完善空气、水、噪声、土壤等环境监测点位，环境监测的重心转向以环境质量监测为主。

1999年底，国家环境保护总局决定启动地表水水质自动监测站的试点建设，在此基础上，从2000年9月开始构建国家水质自动监测网络，经过“十五”“十一五”十年的努力，陆续在松花江、辽河、海河、黄河、淮河、长江、珠江、太湖、巢湖、滇池流域等十大流域的重点断面，以及浙闽河流、西南诸河、内陆诸河、大型湖库和国界出入境河流上建成了149个水质自动监测站。

此后，2002年和2005年，国家环境保护总局在北京召开了第六次和第七次全国环境监测会议，对于进一步深化环境监测工作，规划“十一五”事业发展等做出部署。2005年11月13日，松花江水污染事件爆发，由于吉林石化公司双苯厂一车间发生爆炸，导致100t苯类物质（苯、硝基苯等）流入松花江，造成了江水严重污染，沿岸数百万居民生活受到影响。突如其来的松花江水污染事件是对环境监测的一次大考验，虽然全国环境监测系统在危难时刻团结一心、众志成城，迅速开展沿线水质应急保障监测和中俄应急联合监测，在污染防控和环境安全保障中发挥了重要作用，但是，也暴露出当时环境监测基础能力还存在较大短板，数据基础不全面、应急储备不充足、先进的监测仪器设备短缺，特别是应急预警能力薄弱，亟须进一步加强和提升。

第三章 发展期

松花江水污染事件给环保人敲响了警钟，在2006年召开的全国第六次环保大会上，温家宝总理明确提出要建设先进的环境监测预警体系，以改变被动、事后、补救、消极的状况，尽快形成主动、事前、预防、积极的工作格局。“十一五”期间，中央财政持续加大对环境监测的投入力度，连续启动4期主要污染物减排专项建设，对环境监测专项资金投入超过54亿元，带动地方财政投资大幅增长，至2012年，全国环境监测网络建设和环境监测机构能力水平提升到了一个新的高度。

一、先进的环境监测预警体系建设

“十五”期间，我国推进经济发展的同时，采取一系列措施加强环境保护，取得积极进展。但是环境形势依然十分严峻，长期积累的环境问题尚未解决，新的环境问题又在不断产生，一些地区环境污染和生态恶化已经到了相当严重的程度。主要污染物排放量超过环境承载能力，水、大气、土壤等污染日益严重，固体废物、汽车尾气、持久性有机物等污染持续增加。流经城市的河段普遍遭到污染，1/5的城市空气污染严重，1/3的国土面积受到酸雨影响。全国水土流失面积356万km^2，沙化土地面积174万km^2，90%以上的天然草原退化，生物多样性减少。发达国家上百年工业化过程中分阶段出现的环境问题，在我国已经集中出现。生态破坏和环境污染造成了巨大的经济损失，给人民生活和健康带来严重威胁。“十五”时期，我国经济发展的各项指标大多超额完成，但环境保护的指标没有完成：2005年全国二氧化硫排放量比2000年增加了27%，化学需氧量仅减少了2%，均未完成削减10%的控制目标。在这种形势下，2006年4月17日，国务院召开第六次全国环境保护大会，国务院总理温家宝出席会议并做重要讲话，总结“十五”期间环保工作，深刻分析当时面临的形势与问题，对今后一个时期的重点工作做出全面部署。

（一）首次提出建设先进的环境监测预警体系

温家宝总理在第六次全国环境保护大会上指出，“十一五”时期环保工作要加快实现三个转变：一是从重经济增长轻环境保护转变为保护环境与经济增长并重，在保护环境中求发展；二是从环境保护滞后于经济发展转变为环境保护和经济发展同步，做到不欠新账，多还旧账；三是从主要用行政办法保护环境转变为综合运用法律、经济、技术和必要的行政办法解决环境问题。未来五年要抓好八项具体任务，其中就包括要不断加强环保监管能力建设，建立先进的环境监测预警体系，全面反映环境质量状况和趋势，准确预警各类环境突发事件。这是首次提出要建设先进的环境监测预警体系，作为“十一五”时期环境监测的发展战略和基本遵循。国务院副总理曾培炎进一步强调，要尽快完善环境监测网络，提高监测能力，拿出监测结果。党的十七大指出，我国经济增长的资源环境代价过大，要求到 2020 年，生态环境质量明显改善。

（二）明确先进的环境监测预警体系建设目标

2007 年，国务院印发《国家环境保护“十一五”规划》，进一步细化和明确了建设先进的环境监测预警体系的目标任务。规划中指出，“十一五”时期要强化管理能力建设，提高执法监督水平。按照目标与手段相匹配、任务与能力相适应的要求，以监测评估、及时预警、快速反应、科学管理为目标，以自动化、信息化为方向，以建设先进的环境监测预警体系和完备的环境执法监督体系为重点，实施环境监管能力建设规划，积极争取各级财政投入，努力提高环境管理能力。其中，建设先进的环境监测预警体系，就是要“按照队伍专业化、装备现代化要求，推进各级环境监测站标准化建设。到 2010 年，80% 的县级环境监测站达到建设标准。按照布局科学、数据准确、传输及时的要求，建设全国空气、地表水、近岸海域、辐射、生态环境等环境质量监测网络，科学、全面、及时地反映环境质量状况和变化趋势。按照动态监控、及时预警、准确计量的要求，建设重点污染源监督性监测和自动监测系统，实时监控排污状况。优先建设燃煤电厂在线监测系统”。

（三）制定先进的环境监测预警体系建设纲要

2009 年，环境保护部编制印发了《先进的环境监测预警体系建设纲要（2010—2020 年）》，其中提出先进的环境监测预警体系的概念是指“为服务于环境保护工作大局，组织实施环境监测活动，建立的一套先进、完整和符合国情的环境监测法规制度、业务管理、基础能力、技术标准和人才保障综合体系”，其核心任务是“说清环境质量状况及变化趋势、说清污染源排放状况、说清潜在的环境风险”。建设纲要提出了未来 10 年环境监测发展的指导思想、基本原则、建设目标和主要任务，对全国监测工作具有很强的指导意义，地方也纷纷开展监测预警体系建设。核心要义如下：

1. 建设目标。到 2020 年，在国家环境宏观战略规划基本架构的基础上，全面改善我国环境监测网络、技术装备、人才队伍等方面薄弱的状况，重点区域流域具备前瞻性和战略性监测预警评价能力，支撑环境监测发展的基础得到有效巩固，环境质量监管能力显著提升，全面实现环境监测管理和技术体系的定位、转型和发展。掌握环境质量状况及变化趋势，说清污染物排放情况，对突发环境事件和潜在的环境风险进行有效预警与响应，形成监测管理全国一盘棋、监测队伍上下一条龙和监测网络天地一体化的现代化环境监测格局，建成满足环境管理需求、具有全局性和基础性公共服务能力的环境监测预警体系。

2. 主要任务。第一，加强环境质量监督管理。强化环境质量监督考核机制，明确中央与地方环境监测事权，明确环境质量考核目标；促进公众参与和社会监督，定期发布环境质量状况和监督考核结果；优化环境监测网，基本形成覆盖主要环境要素、覆盖主要城镇和农村地区、覆盖重点流域和水体、覆盖环境质量标准要求的污染物指标的监测网络架构。第二，完善环境监测法规制度体系建设。加快环境监测法制化进程，建立全国环境监测报告制度，依法建立环境监测信息发布制度，逐步完善环境监测网络长效运行保障制度，建立健全污染源稳定运行达标保障制度。第三，深化环境监测业务管理体系建设。深化环境质量监测，鼓励在条件成熟的区域监测指标率先全部覆盖《环境空气质量标准》要求，逐步开展 $PM_{2.5}$、臭氧、挥发性有机污染物、汞等项指标例行监测；统筹城乡环境监测，开展农村环境质量调查和农村环境试点监测；强化污染源监测和污染源监督性监测；加强环境应急监测；建立环境预警监测体系。第四，加强环境监测能力建设。实施环境监测业务用房保障建设工程、环境监测站标准化建设工程和专项能力建设工程。第五，完善环境监测技术体系建设。第六，完善环境监测技术体系建设。第七，推进环境监测质量管理体系建设。第八，加强环境监测人才培养与队伍建设。

（四）开展环境监测站标准化建设

走过这一段历程后回头来看，当时制定的发展规划具备良好的科学性和前瞻性，既定目标任务都在稳步推进实施中，特别是关于开展环境监测站标准化建设的决策部署，大力促进了全国环境监测总体能力的提升，为后续改革发展奠定了良好的基础。

2007 年，国家环境保护总局组织制定了《全国环境监测站建设标准》（环发〔2007〕56 号）和《全国环境监测站建设补充标准》（环办〔2007〕117 号），规定了省、市、县三级环境监测机构人员标准及机构、监测经费、监测用房、仪器设备配置等最低配置标准。标准化建设启动之初，基层环境监测站特别是中、西部地区的县级环境监测站长期且普遍存在着能力建设薄弱的问题：仪器设备不足、站房紧张、人员编制少、专业技术人员缺乏，据统计，全国县级环境监测站达标率仅 17% 左右，严重制约了基层环境监测站监测技术水平的发展。

“十一五”末，温家宝总理和李克强副总理作出关于进一步加强基层环境监测站能力建设问题的重要指示，在“十一五”收官之年至“十二五”期间中央将下大力气重点提高基层环境监测系统的整体能力建设水平，通过中央补助与地方配套相结合的方式，加大资金投入力度，加快基层监测站建设，推进基层监测人员技术水平的提高，为从源头保障监测数据的科学、准确、有效打下坚实基础。2009 年至 2012 年，主要污染物减排专项资金投入 22.3 亿元用于全国环境监测站标准化建设，其中中央投资 16.1 亿元，地方配套 6.2 亿元，为 1 400 余个环境监测站配备通用和专项设备 34 000 余台（套）、环境监测车 110 辆，实现环境监测实验室标准化改造 70 000 余平方米。通过开展全国环境监测基础设施建设，完善各级监测站机构设置，加强基本监测仪器配置，开展大培训提高人员素质和水平，全国标准化建设水平得到大幅度提升。到“十二五”末，按照《全国环境监测站建设标准》，32 个省级站全部达标，9 个省（区、市）通过了整体达标验收。“十三五”期间，其余省份也相继通过整体达标验收，环境监测站业务用房和基础能力得到普遍提高。

二、环境监测战略转型

在环境监测事业 40 年发展的长河中，2008 年是具有特殊意义的一年。2008 年 3 月，国务院批准国家环保总局升格为环境保护部，并专门成立了环境监测司，为强化国家层面的环境监测行政管理和实现环境监测的政事分开提供了重要的组织机构保证，长期制约环境监测事业发展的行政管理体制问题开始得到解决。各地环保部门也纷纷借助机构改革的有利契机，成立了专门的环境监测管理机构，环境监测的“政事分开”由国家层面延伸到地方。2008 年，环境保护部副部长到监测总站检查指导工作，明确提出了监测总站要实施转型发展。

在 2009 年 2 月召开的全国环境监测工作会议上，环境保护部部长周生贤指出，各级环保部门要紧紧抓住当前的有利时机，按照政事分开的原则，做好环境监测行政管理和技术支撑的分离工作，让各级环保部门成为“管理的龙头”，各级监测站成为“技术的龙头”，努力推动环境监测工作定位转型。

（一）环境监测转型的意义

首先，环境监测转型是在环保历史性转型的大背景下提出的，具有重要的实际意义，成为新时期环境监测事业发展的鲜明主题。可以说，环境监测转型是环境管理战略转型的前瞻之举。环保历史性转变序幕拉开伊始，就明确提出“建立先进的环境监测预警体系”，着重强调了环境监测是环境管理的重要组成部分，是履行环境管理职责最基础、最基本的支撑力量。环境保护部做出环境监测转型的重大部署，顺应了环保历史性转变的必然要求，也使环境监测转型成为环境管理战略转型的先锋。其次，环境监测转型也是更好践行环保为民宗旨的直接体现。为保障公众环境质量知情权，国家和地方部署开展空气和地表水自动监测并实时向人民群众发布信息；为配合中央财政落实生态转移支付，在全国 452 个县域开展了国家重点生态功能区县域生态环境质量考核评价工作，惠及人口约 1.2 亿。为保证人民群众饮用水安全，在全国 337 个地级以上城市开展水源地水质月监测和全分析，服务人口 3.32 亿。最后，环境监测转型更是适应政府职能转变的积极探索。环境监测转型坚持顶层设计与“摸着石头过河”相结合，鼓励地方发挥首创精神，在破解环境监测体制机制障碍上大胆尝试，为有效激发监测事业发展活力，摆脱各种沉疴积弊和困境束缚提供了重要借鉴。

（二）环境监测转型的内涵与任务

作为环境保护的重要基础，环境监测已从传统的技术层面融合到环境保护工作的整体中。推动全国环境监测系统实施全面而深刻的转型，其根本目的在于通过体制、机制、制度和技术创新，理顺各级关系，充分发挥全国监测力量的强大合力，形成“监测工作全国一盘棋，监测队伍上下一条龙，监测技术天地一体化”的良好格局。具体包括以下几个转变：

第一，监测业务体系从传统、粗放，转变为智能化、精细化。监测业务领域逐步拓展到覆盖全部污染源排放的所有污染物，与此同时对现行监测任务的指标频次设计做出优化调整，保持任务总量适度；环境监测工作的着力点从说清现状的基础上向预测预警和来源解析延伸；业务处理实现从传统处理方式向智能化、信息化、集成化方式的升级换代；以提升产品附加值为核心，推进监测信息产品创新，增强环境监测信息产品的科学性、准确性、敏感度、服务对象满意度和信息供给普惠度。

第二，监测技术体系从滞后、缺项，转变为科学化、完整化。在对现有技术体系查漏补缺、填平补齐的基础上，研究建立适应环境质量控制与评估考核新需求，符合生态环境保护管理体制改革新趋势的前瞻性环境监测技术体系；注重提高监测技术体系构建的内部协调，实现环境监测理论体系、技术路线体系、技术规范体系、分析方法体系、质量评价体系以及质量管理体系的协同发展和有机统一。

第三，监测资源配置从分散、落后，转变为集成化、先进化。以监测站标准化建设为牵引，全面提升环境监测公共服务能力；以“三个一”的战略思想为指导，强化环境监测顶层设计，形成布局合理、功能完善的资源配置格局；以区域联动为目标，构建与地方环境污染特征相适应的监测装备体系，增强流动性仪器装备配置，建立区域应急响应与资源调配机制，发挥综合集成优势，形成整体合力。

第四，监测组织管理从权责不清、交叉重复，转变为事权明晰、统一有序。落实政府职能转变和事业单位改革的总体要求，明确各级环境监测机构的职责，厘清中央与地方在环境监测公共服务中的事权财权；加强环境监测法制建设，对各部门环境监测的地位、性质、职责等做出统一规定；以开放、谨慎的态度，稳步推进第三方监测工作，充分发挥政府在培育和规范环境监测市场中的主导作用，优先在企业污染源在线监测、自动站运维等领域引入社会监测资源。

具体到业务工作上，环境监测转型发展的根本任务和工作目标是按照“三个说清”的总体要求，建设先进的环境监测预警体系，进一步深化环境质量监测，为改善质量提供科学依据；做好污染源监测，为削减总量提供技术支持；加强环境预警与应急监测，为防范风险提供有效支撑。

（三）中国环境监测总站转型发展

环境监测司成立后，环境保护部党组和部领导要求监测总站必须适应新的形势要求，抓住难得的发展机遇，将工作重心从环境监测业务和管理“一把抓”转到环境监测业务和技术上来，实现“技术立站”“向监测业务技术进军”，使监测总站逐步实现“一流的人才、一流的水平、一流的实验室、一流的装备”。2009 年 12 月 25 日，环境保护部复函批转《中国环境监测总站转型发展纲要》，要求监测总站切实加强环境监测技术工作，不断提升环境监测技术水平，坚持为环境管理与决策提供技术支撑，加强对地方环境监测站的技术指导，建立和完善适应转型发展的运行机制，在全国环境监测系统率先实现转型发展。

在转型进程中，监测总站坚定技术立站、科学监测、人才兴站的发展方向，坚持监测科研为先导、监测业务为主导、监测技术为支撑的方针，以“三个说清”为中心任务，大力加强环境监测业务、技术、质量管理技术与保障体系建设，着力提升“说得清”和“测得准”能力，号召干部职工“穿上白大褂，走进实验室”，切实将技术支撑方式由过去的“组织大家干”转变为“自己动手干”。至“十二五”末，转型取得显著成效：以环境管理战略转型为导向，完善环境质量与污染源监测网络体系，“三个说清”能力显著提高；围绕环保中心工作，增强业务支撑体系建设，积极为环境监管提供服务；融合环境业务与技术研究，构建监测技术研究创新体系，引领国家环境监测技术发展；夯实科研实验与现场监测装备建设，具备检测现行环境标准规定的全部监测因子的实验监测条件与实际操作能力；培养与引进并举，建设具有创新精神的高水平人才队伍，初步形成环境监测各领域的人才梯队。通过转型发展，监测总站成为了名副其实的全国环境监测技术中心、网络中心、数据中心、质控中心和培训中心，能够为环境管理提供全面、及时、准确、有效的环境监测报告、信息和技术支撑、技术监督和技术服务。

三、环境监测网络建设

“十一五”之前，国家环境监测网的整体建设水平还相对较低，空气和地表水自动监测才蹒跚起步，站点数量不足，仅能监测一些常规项目，仪器装备水平、数据传输方式比较落后，污染源监督性监测等工作基本处于空白。“十一五”时期，全国大力推进先进的环境监测预警体系建设和环境监测转型发展，取得了可喜的成绩。

监测覆盖范围逐步从城市向农村、从内陆向边境扩展。“十一五”期间，国控空气自动监测点位从439个增加到661个，依托中央减排专项，构建了覆盖14个典型背景区域的国家空气背景监测网络和覆盖31个省、自治区、直辖市的国家区域空气自动监测网络，首次将国家空气监测网络从城市扩展到重点区域和典型背景地区，填补了国家环境质量监测网络覆盖范围的空白；五年间在国界、省界河流、主要湖库和入海河流新建49个国家水质自动监测站，同时还对82个自动站进行了基础设施改造，对78个自动站的仪器设备进行了更新，填补了西藏、青海、新疆、贵州没有国家水质自动监测站的空白。在夯实内陆河流水质自动监测能力的基础上，还重点加强了对出入境和国界河流水质的监控力度，在国界河流、湖泊上建设了一批水质自动监测站，我国地表水监测能力和水污染事故的预警能力得到有效提升。

监测项目领域逐步从常规向新型、从基础向前沿拓展。在持续加强国家环境监测网常规监测能力建设的基础上，着眼环境形势变化特点，不断扩充环境监测项目和领域。为掌握城市源区温室气体的浓度状况和变化趋势，依托减排专项投资建设了34个温室气体站并开展试点监测，首次获得了我国有代表性城市源区的主要温室气体的浓度水平分布状况，形成了对主要温室气体指标及其变化趋势的监测能力；针对政府和公众关注的环境能见度、光化学污染、细粒子污染等热点问题，逐步开展臭氧、细颗粒物和沙尘天气影响监测；为推动重点流域和饮用水水源地有机污染物调查与防治工作的深入开展，在8个国控水质自动站试点开展水中挥发性有机物自动在线监测。还投资建设了7个二噁英监测实验室，在14个重点省份的省、市、县级环境监测站装备了重金属监测设备，在每个省、直辖市、自治区装备了3～4个能对饮用水水源进行全指标分析的监测站。

监测技术手段从传统向现代、从地面向天地一体化发展。“十一五”时期，空气和地表水自动监测技术取得了长足进步，温室气体、臭氧、细颗粒物、挥发性有机污染物、生物毒性、总氮、总磷等项目都开展了在线自动试点监测，激光雷达、卫星遥感等先进监测装备以及实验室高精度分析仪器的大量配置，使得环境监测的现代化水平大幅提升。随着信息技术的发展进步，监测数据的传输方式也从主要依靠移动存储介质和电子邮件传输，发展为依托专用网络传输；监测报告的编写从手工计算逐步实现系统自动生成；2008年9月6日，环境一号A星、B星成功发射，标志着监测技术手段从单一的地面监测走向了天地一体化，国家环境监测跨入了多维度、大尺度的新时代。

“十一五”期间国家环境监测网硬件支撑能力的提高，使得环境监测在支撑宏观决策、服务环保行政方面的作用得到了进一步凸显。

在促进污染减排上见到了成效。化学需氧量和二氧化硫两项主要污染物减排是“十一五”时期环保工作的重中之重。2007 年，国务院下发了《节能减排综合性工作方案》和《国务院批转〈节能减排统计监测及考核实施方案和办法〉的通知》，大力推进总量减排监测体系建设，国家每年投入 3 亿 ~ 4 亿元，全面开展了国家重点监控企业监督性监测和自动监测设备比对监测，每年核算污染物排放量和减排量，编制污染源监督性监测报告和减排专项监测报告，地市级以上还建立了污染源在线监控中心；同时通过监测地表水高锰酸盐指数、空气中二氧化硫浓度、酸沉降变化情况等校验减排成效，为落实减排责任，确保总量减排目标的实现提供了有力支撑。

在实践监测为民上见到了成效。这一时期，环境监测系统在四川汶川特大地震、青海玉树地震、吉林化学原料桶冲入松花江事件等重大自然灾害和污染事件的应急监测中，在北京奥运会、国庆 60 周年庆典、上海世博会、广州亚运会等国家重大活动的环境质量保障监测中，开展了卓有成效的工作，为保障人民群众生命财产和环境安全，促进社会和谐稳定发挥了重要作用；2008 年起在重点城市和省级监测站开展饮用水水源地水质 109 项全分析，着力保障饮用水安全；在湖库水质自动监测站点增加了总氮、总磷和叶绿素自动分析仪器，为实时监控水质富营养化程度，预警蓝藻暴发事件提供更加直接和科学的数据信息；2009 年 7 月 1 日和 2010 年 11 月 25 日起，全国主要流域重点断面的 100 个水质自动监测站数据和全国重点城市 661 个点位的空气质量自动监测数据，先后开始实行网上实时发布，在促进环境保护公众参与，满足公众知情权和参与权方面产生了积极影响。

在支撑环境外交上见到了成效。应对全球气候变化、履行各项环境国际公约是我国政府外交工作中的焦点之一。2006 年起，监测总站连续四年组织开展了 12 次中俄跨界水体水质联合监测，获取水质监测数据 15 660 个，并与俄方进行了交换，为中方治理松花江污染，为中俄共同维护额尔古纳河、黑龙江、乌苏里江、兴凯湖等界河（湖）的环境安全提供了重要基础数据，已经成为世界跨国界河流联合监测的典范；2010 年 1 月起，监测总站组织在中俄、中蒙、中朝等边界地区的 39 条国界河流和 2 个界湖开展了水质监测工作，及时掌握和说清国界河流水质状况和污染程度，提升了我国在环境外交上的话语权；2007 年起，按照斯德哥尔摩环境公约要求，在全国设置 11 个大气背景采样点，监测大气中 11 种持久性有机污染物的浓度水平，为环境履约提供了有效的监测数据。

第四章　改革期

2012 年，党的十八大胜利召开，首次把生态文明建设提升到与经济建设、政治建设、文化建设、社会建设“五位一体”的战略高度，生态环境保护从认识到实践发生了历史性、转折性和全局性变化，生态文明体制改革大力推进，环境保护进入以环境质量改善为核心的新阶段。作为生态文明建设和生态环境保护的重要基础，环境监测得到了前所未有的重视，也赢来了千载难逢的发展机遇。这一时期，党中央、国务院自上而下推动了环境监测管理体制、运行机制、网络建设、监督执法等方面全面而深刻的改革与创新，“改革”成为这一时期推动环境监测事业大发展的主旋律。

一、改革背景

2011 年秋冬季，华北地区出现了大范围、长时间的空气重污染，环保部门公布的数据和报告中空气质量仅为“轻度污染”，但公众普遍感觉空气污染严重。同时，美国大使馆公布了其自测的空气质量 $PM_{2.5}$ 指数，已经达到美国国家环保局认定的“非常不健康”“危险”级别，$PM_{2.5}$ 开始进入中国公众的视线。

究其原因，在于我国当时的环境空气质量标准，仅对空气中二氧化硫、二氧化氮、PM_{10} 进行监测与评价，不包含已经成为造成城市空气污染主要原因的细颗粒物（$PM_{2.5}$）。2012 年 2 月 29 日，环境保护部正式发布新的《环境空气质量标准》（GB 3095—2012）和《环境空气质量指数 AQI 技术规范》，将 $PM_{2.5}$、臭氧（8 小时浓度）纳入常规空气质量评价，收紧了 PM_{10}、氮氧化物等标准限值，并相继出台了《空气质量评价技术规范》等一系列配套监测方法和技术规范。同年，环境保护部印发了《关于实施〈环境空气质量标准〉的通知》，要求“三步走”实现空气质量新标准监测：到 2012 年底，京津冀、长三角、珠三角等重点区域以及直辖市和省会城市开展监测和评价；到 2013 年底，113 个环境保护重点城市和国家环保模范城市开展监测和评价；到 2015 年底，所有地级以上城市开展监测和评价。在各级环保部门高度重视和大力推进下，新标准监测能力建设共争取财政投资约 13.95 亿元，其中中央投资约 11.3 亿元，地方筹措资金约

2.65 亿元，所有任务提前一年完成：2015 年 1 月 1 日起，全国 338 个地级及以上城市共 1 436 个监测点位全部开展了空气质量新标准监测，并向社会发布可吸入颗粒物（PM_{10}）、细颗粒物（$PM_{2.5}$）、二氧化硫（SO_2）、二氧化氮（SO_2）、臭氧（O_3）和一氧化碳（CO）等 6 项指标的实时监测数据和空气质量指数（AQI）。

环境空气质量新标准的发布和新标准监测实施，作为一个标志性事件，表明我国环境管理开始由以环境污染控制为目标导向，向以环境质量改善为目标导向转变。这一模式将实施更加严格的环境质量标准，以环境质量目标“倒逼”经济结构调整，实现以环境保护优化经济增长。

党的十八大以后，党中央、国务院做出了关于加快推进生态文明建设和生态文明体制改革等一系列重大决策部署，先后出台了大气、水、土壤污染防治行动计划。2015 年，党的十八届五中全会明确提出将 $PM_{2.5}$ 等环境质量指标纳入约束性控制。《“十三五”生态环境保护规划》明确提出以改善环境质量为核心，实施最严格的环境保护制度，新增空气、地表水、土壤等环境质量指标约束，标志着环境保护阶段和治理要求发生战略性转变。

2013 年 9 月，国务院印发《大气污染防治行动计划》(国发〔2013〕37 号)(以下简称大气十条)。大气十条中制定了改善空气质量的具体目标：“到 2017 年，全国地级及以上城市可吸入颗粒物浓度比 2012 年下降 10% 以上，优良天数逐年提高；京津冀、长三角、珠三角等区域细颗粒物浓度分别下降 25%、20%、15% 左右，其中北京市细颗粒物年均浓度控制在 60 微克 / 立方米左右。”要求实行环境信息公开，“国家每月公布空气质量最差的 10 个城市和最好的 10 个城市的名单。各省 (区、市) 要公布本行政区域内地级及以上城市空气质量排名。地级及以上城市要在当地主要媒体及时发布空气质量监测信息”。

大气十条中明确提出国务院与各省 (区、市) 人民政府签订大气污染防治目标责任书，将重点区域的细颗粒物指标、非重点地区的可吸入颗粒物指标作为经济社会发展的约束性指标，构建以环境质量改善为核心的目标责任考核体系。国务院制定考核办法，对各省 (区、市) 治理任务完成情况进行考核，考核结果作为对领导班子和领导干部综合考核评价的重要依据。同时，还要实行严格的责任追究。此外，大气十条中还明确要求建立监测预警应急体系，妥善应对重污染天气。“到 2014 年，京津冀、长三角、珠三角区域要完成区域、省、市级重污染天气监测预警系统建设；其他省（区、市）、副省级市、省会城市于 2015 年底前完成。要做好重污染天气过程的趋势分析，完善会商研判机制，提高监测预警的准确度，及时发布监测预警信息。”据此，2013 年，监测总站启动空气质量预报预警业务工作，至今已形成全国—区域—省—市四级预报业务体系，每天发布未来 72 小时空气质量预报信息。

此后，2015 年 4 月，国务院印发《水污染防治行动计划》(国发〔2015〕17 号)，2016 年 5 月，国务院印发《土壤污染防治行动计划》(国发〔2016〕31 号)，对水和土壤环境质量改善的总体目标、具体措施、信息公开及排名、考核问责要求等都做出了规定，都提出了要加强环境质量目标管理，严格考核评估与问责，对导致环境质量恶化的领导干部，要实行终身追责。

可见，在以改善环境质量为核心的发展阶段，一方面还必须坚持削减污染物排放总量，将其作为改善环境质量的重要举措之一，同时要抓督政督企、抓综合督查、抓法规体系建设，通过生态环保体制机制改革调整等一系列措施，最终实现环境质量的改善。这一时期，环境监测与评价的基础性支撑作用进一步凸显，真正成为政府环境治理体系和治理能力的重要组成部分。如果说生态环境保护是一座正在拔地而起的摩天大厦，那么环境监测就是这座大厦的顶梁柱。生态环境保护的规划决策、污染治理、考核排名、预警减排、督查整改、监管执法、成效评估等方方面面工作都蕴含着环境监测任务和要求，环境监测数据与服务在其中发挥着重要作用。不仅要“说得清”现状、“说得准”问题，还要“说得明”环境污染的成因、机理与改善措施，这是新时期生态环境监测的目标和方向，也是这一时期全国环境监测体制改革的内因。

此后，2015 年至 2017 年，中央全面深化改革领导小组连续三年审议通过了《生态环境监测网络建设方案》《关于省以下环保机构监测监察执法垂直管理制度改革试点工作的指导意见》《关于深化环境监测改革提高环境监测数据质量的意见》等三份环境监测改革文件，全面实施国家环境质量监测事权上收，推动了生态环境监测从体制机制、网络建设到业务技术、装备能力等发生深刻变革和发展，陆海统筹、天地一体、上下协同、信息共享的生态环境监测网络初步建成，环境监测的独立性、权威性和有效性得到提升，环境监测数据“真、准、全”得到保障。

二、生态环境监测网络建设

2016 年 8 月，习近平总书记在青海生态环境监测中心考察时指出，“保护生态环境首先要摸清家底、掌握动态，要把建好用好生态环境监测网络这项基础工作做好”。在此之前，2015 年 8 月，《生态环境监测网络建设方案》经由中央全面深化改革领导小组第十四次会议审议通过，以国务院办公厅文件形式正式印发，成为进一步完善生态环境监测网络的纲领性文件。文件突出强调了“全面设点、全国联网、自动预警、依法追责”的十六字方针，要围绕影响生态环境监测网络建设的突出问题，强化监测质量监管，落实政府、企业、社会的责任和权利。要依靠科技创新和技术进步，提高生态环境监测立体化、自动化、智能化水平，推进全国生态环境监测数据联网共享，开展生态环境监测大数据分析，实现生态环境监测和监管有效联动。

文件印发后，各地也纷纷制定地方性监测网络建设方案，带动了监测网络新一轮发展建设。通过构建生态环境监测网络，环境监测发展的总体布局与顶层设计得到进一步优化：首先，网络功能满足环境质量评价考核与预警需求。大气、水（含近岸海域）、土壤、噪声等监测点位，向区县行政区、重要水体三级支流、边疆界河拓展延伸，环境质量、污染源和生态状况监测全覆盖。启动大气组分监测和光化学监测网络建设，以京津冀及周边地区为重点，开展颗粒物组分监测、激光雷达定点和走航监测、挥发性有机物监测和颗粒物源解析等工作，研究大气污染形成机理与传输规律。其次，网络布局实现由“部门网”向“生态网”跨越。从生态系统完整性角度统筹各类环境要素监测，统筹跨区域、跨流域环境问题监测，与生态环保体制改革的要求相统一，为山水林田湖综合保护打好基础。最后，监测数据质量管理更加规范、严密。由环保部门主导建立了全国环境监测质量管理制度和质量管理体系，覆盖全部监测要素、全部监测指标和全部监测过程，加强对社会监测机构的监管。

三、国家环境质量监测事权上收与省以下监测机构垂直管理

国家环境质量监测事权上收和省以下垂直管理改革，本质上都是要化解环境监测的行政干扰和利益冲突问题。事权上收着重解决中央与地方的关系问题，省以下垂直管理重点理顺省、市、县三级管理体制，从制度设计上保证各级环境监测数据公平、公正、有效。

以前，国家环境监测网络主要是由地方开展监测，国家负责收集汇总数据、评价环境质量状况。新形势下，环境质量监测结果将直接应用于对地方政府的环境目标责任考核，原来的国家网运行机制已经不适应新的要求，必须将中央对地方考核的监测事项全部上收为中央事权，落实“谁考核、谁监测”，实现国家对各省的统一标准、统一监测与统一考核评价，从体制机制上解决地方保护主义对环境监测的干预，化解基层环保压力，同时也实现事权与支出责任相一致。

2015 年，环境保护部印发《国家环境质量监测事权上收实施方案》，正式启动事权上收工作。时至今日，国家网空气、地表水、土壤和生态监测已全部上收为国家事权，中央财政全额保障运行经费，由监测总站委托第三方监测机构运维或监测；亦或通过“采测分离”的方式，增加样品加密或集中制备环节，委托地方监测机构分析测试密码样品，以排除干扰，实现事权上收。事权上收后，国控站点数据仍代表当地环境质量并与地方共享，地方仍然有责任和义务支持配合国家网的运行保障，也有权对站点运维的规范性进行监督。除此之外，饮用水水源地监测、噪声监测和污染源监测明确为地方事权。

省以下环保监测机构垂直管理是环境治理基础制度的一项重大改革。通过改革加

强了地方党委政府、相关部门的环保责任落实，加强了监督检查和责任追究，有利于从根本上遏制牺牲环境换取经济发展的冲动。垂直管理后，省级环保部门直接管理市（地）监测机构，市县生态环境质量监测评价与考核事权相应上收，实现“省级考核、省级监测”，更好地保证环境监测的独立性、有效性和公正性。县级监测机构聚焦执法监测且上收到市环保局统一管理，执法监测与环境执法协同联动，污染源监测效能得到提升。

事权上收和垂直管理不是简单地统收统管，而是通过对环境监测网络运行机制的根本性调整，建立起政府、企业、市场、社会“四位一体”的综合监管体系。新常态下，采样分析、自动站运维等大量监测工作委托社会机构完成，原有的数据审核机制、质量管理体系、资产管理模式等都需要相应进行调整改革。2015 年，环保部印发《关于推进环境监测服务社会化的指导意见》，要求全面放开服务性监测市场，有序放开公益性、监督性监测领域，推进政府购买监测服务。事权上收和垂直管理改革大量激发了环境监测市场潜能，越来越多的社会监测机构参与到政府环境监测服务中来。

四、预防和惩治环境监测数据造假

环境监测数据是环境监测工作的生命线，是客观评价环境质量状况、反映污染治理成效、实施环境管理与决策的基本依据。在改革进程中，地方不当干预环境监测行为仍有发生，相关部门环境监测数据不一致现象依然存在，排污单位监测数据弄虚作假屡禁不止，环境监测机构服务水平良莠不齐，导致环境监测数据质量问题突出，特别是个别地方发生数据造假事件，严重影响了政府公信力。

2017 年 5 月 23 日，中央全面深化改革领导小组第三十五次会议审议通过了《关于深化环境监测改革提高环境监测数据质量的意见》（以下简称《意见》），会议指出，环境监测是生态文明建设和环境保护的重要基础。要把依法监测、科学监测、诚信监测放在重要位置，采取最规范的科学方法、最严格的质控手段、最严厉的惩戒措施，深化环境监测改革，建立环境监测数据弄虚作假防范和惩治机制，确保环境监测数据全面、准确、客观、真实。

《意见》提出了提高环境监测数据质量的六项创新举措：一是坚决防范地方和部门不当干预；二是大力推进部门环境监测协作；三是严格规范排污单位监测行为；四是准确界定环境监测机构数据质量责任；五是严厉惩处环境监测数据弄虚作假行为；六是加快提高环境监测质量监管能力。《意见》的核心是建立科学完整的监测数据质量保障责任体系，从组织领导、具体实施和监督管理三个层面，解决了环境监测数据质量由谁负责、负什么责，出现什么问题、追究什么责任的问题。通过深化环境监测改革，多措并举、综合防范，达到切实提高环境监测数据质量，切实提高环境监测数据的公信力和权威性，增强人民群众对环境质量改善的获得感和满意度的效果。

中国环境监测事业走过了40年的风雨历程，已经从环境保护的“耳目”“哨兵”，逐步发展成为环境管理的“顶梁柱”，成为生态环境保护的重要支撑，进入了生态文明建设的主战场，在建设美丽中国的进程中，在跨越生态文明建设“关键期、攻坚期、窗口期”的“三期”关口，在坚决打好打赢污染防治攻坚战中，取得了丰硕成果，为生态文明建设增添了强大动力。

第二篇　中国环境监测机构与队伍

机构队伍建设是环境监测事业兴盛之基、持续发展之本。历经 40 年的风风雨雨，全国环境监测系统逐步发展壮大，初步形成了较为完备的组织机构和人员队伍体系。中国环境监测机构的发展与建设取得了蔚为大观的辉煌成就，自 1973 年全国第一个监测站成立，时至今日各级政府所属的环境监测机构总数已达 2 800 余个。中国环境监测队伍从无到有、由弱到强，渐渐形成上下一条龙的总体格局，监测人员综合素质过硬、专业技术扎实，他们栉风沐雨、努力践行“科学、创新、卓越、奉献”的精神，坚持以“政治强、本领高、作风硬、敢担当，特别能吃苦、特别能战斗、特别能奉献”为标准，争当生态环境保护铁军的先锋队。目前，全国各级政府所属的环境监测机构人员队伍达 6 万余人，分布在各行各业、系统内外以及社会上的专业环境监测工作人员共达 20 余万人。本篇将按照国家环境监测机构、地方环境监测机构、其他部门监测机构、环境监测行业组织和社会监测机构的顺序，分章节详述中国环境监测机构与队伍蓬勃发展的光辉历程。

第一章 国家环境监测机构与队伍

国家环境监测机构主要包括国家环境监测行政管理机构、国家环境监测技术支撑机构和相关技术支持单位。生态环境部环境监测职能的行政管理部门为环境监测司，技术支撑机构为中国环境监测总站、生态环境部卫星环境应用中心，以及国家环境分析测试中心、生态环境部标准样品研究所等相关技术支持单位。

一、国家环境监测行政管理机构

2008 年，环境保护部新设立环境监测司，环境监测司负责环境监测行政管理，中国环境监测总站负责监测业务技术指导，实现了“政事分开”，开启了环境监测管理的新篇章。环境监测司的主要职责是：负责环境监测管理和环境质量、生态状况等环境信息发布；拟订环境监测和环境统计的政策、规划、行政法规、部门规章、制度、标准并组织实施；建立环境监测质量管理制度并组织实施；组织拟订环境监测分析方法和技术规范；参与建设并组织管理国家环境监测网；组织实施环境质量监测、污染源监督性监测、环境应急和预警监测；组织对环境质量状况进行调查评估、预测预警；协调指导其他部门开展环境监测工作；负责环境统计和污染源普查工作；负责建立和实行环境质量公告制度；组织编报国家环境质量报告书，组织编制和发布中国环境状况公报、环境统计年报和统计报告；指导全国环境监测队伍建设和业务工作。内设 4 个处室，分别为：综合处、环境质量监测处、污染源监测处和监测质量管理处。

10 年来，环境监测司在加强环境监测行政管理方面做了大量工作，在 2018 年机构改革中，环境监测司改为生态环境监测司，主要职责是：负责生态环境监测管理和环境质量、生态状况等生态环境信息发布；拟订和组织实施生态环境监测的政策、制度、标准及规范；建立生态环境监测质量管理制度并组织实施；统一规划生态环境质量监测站点设置；组织开展生态环境监测、温室气体减排监测、应急监测；调查评估全国生态环境质量状况并进行预测预警；承担国家生态环境监测网建设和管理工作；负责建立和实行生态环境质量公告制度，组织编报国家生态环境质量报告书，组织编制和发布全国生态环境状况公报。监测司内设机构由 4 个增加到 5 个，分别为：综合处、监测网络管理处、环境质量监测与评估处、生态与污染源监测处、监测质量监督管理处。

二、中国环境监测总站

中国环境监测总站是最主要的环境监测业务技术支撑单位，是国家环境监测的网络中心、技术中心、质控中心、数据（信息）中心和培训中心，承担国家环境监测任务，运行国家环境监测网络，构建环境监测技术体系，实施全国环境监测质量管理，评价全国环境质量状况，开展全国环境监测技术培训，引领环境监测技术发展，为国家环境管理与决策提供监测信息、报告及技术支持，对全国环境监测工作进行技术指导。

（一）机构设置历史沿革

40 余年的改革与发展过程中，在生态环境行政主管部门的关心、支持和指导下，中国环境监测总站的机构设置不断加强和完善，日趋科学合理，为我国环境监测事业的发展提供了坚实的机构保障。

1979 年 5 月，国务院环境保护领导小组发文确定拟成立的中国环境科学研究院由中国环境科学研究院、中国环境监测总站、中国环境科学情报研究所和代管的中国环境科学学会办公室 4 个部门组合而成，编制 500 人。其中，中国环境监测总站下设：电子计算机站（与情报所合设）、监测网管理室、统计室、监测分析室，标准样品供应室，共 80 人。

1979 年 11 月，国家计划委员会批准建设中国环境科学研究院和中国环境监测总站，编制为 500 人。1980 年 11 月，国家计委、国家建委和北京市建委、建设银行等单位审查并批准院、站设计方案，开始施工建设。

1981 年 2 月，监测总站成立综合组、分析组和管理组，在活动板房内安装进口仪器设备，开展监测工作。

1983 年 7 月，监测总站宣布机构设置和干部配备，决定成立站办公室、综合室、质量保证和标准化室、分析室，并任命各室负责人。

1989 年 4 月，国家环境保护局转发人事部《关于国家环境保护局所属事业单位机构和编制的批复》的通知，批准监测总站事业编制为 100 人。

1990 年 2 月，国家环境保护局批复监测总站“三定”方案，明确主要职责为：作为全国环境监测的技术、数据综合和网络中心，应为国家环境保护局的监督管理提供技术支持，并对全国监测网络进行业务指导。明确监测总站是国家环境保护局直属的事业单位（局级），总站编制为 100 人，领导干部职数设站长一正二副，站内实行二级管理，同意设立办公室，人事处，水土、废弃物监测室，大气生物监测室，监测信息综合室，监测技术管理室，标准室 7 个处级机构。

1990年10月，国家环境保护局发文决定监测总站与环科院财务分开，相互独立。监测总站编制为140人。经费来源仍由国家全额拨款。

1994年5月，国家环境保护局党组决定自1994年6月1日起将国家环境分析测试中心划归监测总站，监测总站（含中心）人员编制增至160人。1994年9月7日，国家环境保护局批复监测总站“三定”方案，明确监测总站（含中心）的主要职责是开展全国环境质量状况、监测技术和环境监测数据的分析研究，定期编报全国环境质量重点污染源报告书，发挥全国环境监测技术中心、数据综合中心、监测网络中心和人员培训中心的作用。明确监测总站（含中心）为局级事业单位。编制160人（监测总站110人，中心50人），领导干部职数设站长1名，副站长（兼中心主任）2名，内部实行二级管理，设监测信息综合室，水土、废弃物监测分析室，大气、生物监测分析室，标准室，技术开发室，业务技术管理室，办公室，人事处8个内设机构。

1995年5月，国家环境保护局批准由监测总站承担筹建国家环境保护局北京环境监测仪器质量监督检验中心。1998年9月国家环境保护总局发文明确：国家环境保护总局环境监测仪器质量监督检验中心设在中国环境监测总站。2001年2月，国家环境保护总局发文批准监测总站将国家环境保护总局环境监测仪器质量监督检验中心与物理监测技术室分开独立设置。2010年1月环境保护部发文明确监测总站内设环境监测仪器质量监督检验室。

1996年3月，国家环境保护局同意监测总站“三定”调整方案，设7个二级机构：办公室、人事处、总工程师办公室、综合室、水固体废弃物监测技术室、大气噪声监测技术室、监测仪器质量监督室。领导干部职数设站长1名，副站长2名，总工程师1名。

1999年1月，国家环境保护总局批准监测总站机构设置和人员配备方案，同意增设环境统计室和生态环境监测室（二级机构），所需人员编制从内部调剂。

2000年9月4日，国家环境保护总局批复同意监测总站设置办公室、人事处（党委办公室）、总工程师办公室、综合评价室、环境统计室、大气监测技术室、水监测技术室、生态监测技术室、物理监测技术室等9个机构。机构调整后，人员编制总数暂不变，所需人员内部调剂。

2001年2月，国家环境保护总局批准监测总站内设机构和中层干部调整方案。调整后，监测总站中层干部职数由14名变为16名（含1名站长助理、2名副总工程师）。

2002年4月，监测总站《关于成立监测实验分析组的通知》明确，2002年第7次总站党委会议研究决定成立监测实验分析组，同时将原大气监测技术室的源解析专题组并入该组。监测实验分析组并在水监测技术室，对内可独立开展工作，主要职责是负责拟订环境监测技术规范、建立标准分析测试方法与组织验证工作，并指导全国实施；负责全国环境监测质量保证和质量控制工作；研究环境监测分析的新技术、新方法，组织解决环境例行监测中的技术问题；参与重大环境污染事故的调查、污染纠纷仲裁和应急监测工作；负责环境样品库的建设和管理工作；承担环境污染测试咨询服务工作。

2006 年 7 月，监测总站发文成立环境监测分析技术室（简称分析室），其主要职责为开展环境监测分析技术方法研究，起草环境监测分析方法标准；承担重大环境突发事件的应急监测、污染事故调查和污染纠纷仲裁监测的技术保障和技术指导工作；承担国家层次的常规固定监测任务及监测总站监测分析测试工作，负责监测总站实验室建设和监测仪器设备、各类化学试剂的日常管理与维护；负责全国环境监测分析技术的业务指导和技术培训工作；参与或承担环境专项调查监测的技术保障和质量管理工作；负责监测总站环境样品库的建设与管理工作；参与制定环境监测科技发展规划、能力建设规划、年度工作计划等；参与环境监测分析技术的国际交流与合作；完成站领导交办的其他工作。2010 年 1 月 12 日环境保护部发文明确监测总站内设环境监测分析技术室。

2005 年 6 月，国家环境保护总局同意监测总站内设办公室、人事纪检室、综合业务室、污染源环境监测室、大气环境监测室、水环境监测室、海洋环境监测室、物理环境监测室、生态环境监测室、环境统计室、环保验收监测管理室、环境监测仪器监测室 12 个机构，中层干部职数 17 名。

2005 年 6 月，监测总站对外可使用“国家环境保护总局生态环境监测中心”的名称；监测总站要组建由相关业务室组成的环境应急监测队伍。

2005 年 6 月，国家环境保护总局将国家环境保护总局环境卫星中心筹备办公室，由中日友好环境保护中心调整设置在监测总站，人员编制暂定 15 名。2005 年 6 月 30 日，国家环境保护总局局长专题会议决定卫星中心筹备办公室的机构、人员整建制划转至监测总站，原组织机构、原运行机制、原有人员的职务等仍维持不变，筹备办划转后，人事、财务、党群、后勤等日常管理工作由监测总站负责，业务工作继续接受科技司的领导；2005 年 7 月 1 日起，筹备办正式由监测总站领导。2006 年 6 月 29 日，国家环境保护总局发文决定卫星中心筹备办公室设置单位由中日友好环境保护中心调整为中国环境监测总站。2007 年 12 月，国家环境保护总局发文卫星筹备办继续在中日中心大楼工作，直到环境卫星中心大楼建成。为方便卫星筹备办财务管理，将卫星筹备办财务由监测总站调整到中日中心进行管理。2009 年环境保护部卫星环境应用中心正式成立。

2010 年 1 月，环境保护部批复监测总站“三定”方案，明确指出监测总站作为全国环境监测技术中心、网络中心、数据中心、质控中心和培训中心，主要职能是承担国家环境监测任务，引领环境监测技术发展，为国家环境管理与决策提供监测信息、报告及技术支持，对全国环境监测工作进行技术指导。具体承担以下职责：承担全国环境质量综合分析与评价工作；承担国家环境监测网络技术支持工作；承担全国环境监测技术体系建设；承担国家环境监测任务；承担全国环境监测质量保证与质量控制的技术支持工作；负责全国环境应急监测的技术指导；承担全国环境统计的技术工作；承担全国环境监测专业技术培训；开展国际环境监测技术交流与合作；承担环境保护部交办的其他事项。监测总站人员编制 190 名。其中，站长 1 名，副站长 3 名，总工程师 1 名；中层领导职数 29 名（含 4 名副总工程师）。监测总站内设办公室、人事处、财务处、业务管理室、环境质量综合评价室、环境统计与污染源监测室、大气环境监测室、水环境监测室、生态环境监测室、海洋环境监测室、物理环境监测室、环保验收监测管理室、环境监测分析技术室、环境监测质量管理室、环境监测仪器质量监督检验室 15 个机构。

2017 年，环境保护部批复监测总站机构改革方案，同意监测总站设立党委办公室、办公室、人事处、财务处、环境监测科研技术处、环境监测业务管理室、环境监测质量控制与管理室、环境质量综合评价室、大气环境监测室、水环境监测室（海洋环境监测室）、土壤环境监测室、污染源监测室（环境统计室）、物理环境监测室、生态环境监测室、环境质量预测预报中心、环境监测分析技术室、环境应急监测室（加挂环境保护部环境损害鉴定技术中心牌子）、环境监测仪器质量监督检验室（加挂环境保护部环境监测仪器质量监督检验中心牌子）18 个机构。

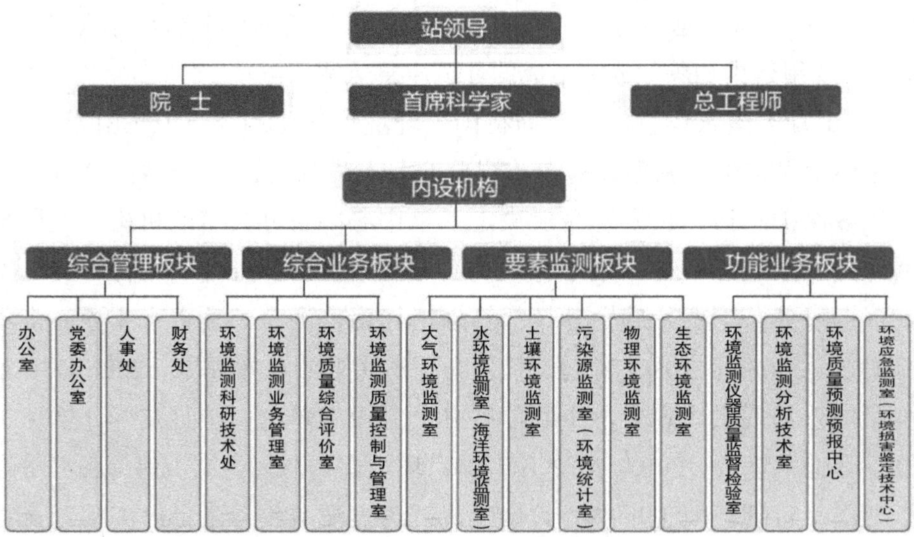

图 2-1　中国环境监测总站组织机构示意图

（二）人才队伍建设情况

1. 监测队伍从无到有，迅速壮大

环境监测机构成立起步于 20 世纪 70 年代初。1973 年广东省建立第一个环境监测

站，1979 年国家计划委员会批准组建中国环境监测总站，1980 年全国范围监测人员达 1 万人，约 650 个监测站，监测机构从无到有、迅速铺开。1988 年国家环境保护局成立，1998 年国家环境保护局升格并更名为国家环境保护总局，2008 年国家环境保护总局升格为环境保护部，2018 年环境保护部升级为生态环境部。十年一个跨度，十年一次飞跃，伴随我国环境保护事业的快速发展，环境监测队伍迅速壮大，至 2018 年全国环境监测机构总数由“九五”初期的 2 156 个增加到 2 810 个，增幅为 30%，系统内环境监测人员由 36 586 个增加到 61 668 个，增幅为 68%，各行各业、系统内外以及社会上专业从事环境监测工作人员规模累计约达 20 万人。

2008 年，全国设立国家、省、市、县四级环境监测机构，共计约 2 500 个监测站，5 万名环境监测人员，人员总数比 20 世纪 80 年代末翻了一番。同年，中国环境监测总站人员编制由 100 人增加到 190 人，环境保护部卫星环境应用中心正式成立，基本形成环境监测管理全国一盘棋、监测队伍上下一条龙和监测网络天地一体化的环境监测新格局。进入 2018 年，改革开放 40 年之际生态环境保护再次迎来事业发展的春天，环境监测作为环境保护事业的“顶梁柱”和重要支撑成为生态环境体制改革的先行者，逐步推进省以下环境监测机构垂直管理，全面开放环境监测市场，带动社会化环境监测机构迅速发展壮大，监测人才队伍结构面临重新洗牌。

2. 培养高层次技术人才

中国环境监测总站作为全国环境监测的技术中心、网络中心、数据中心、质控中心和培训中心，在 2009 年实施转型发展方案中提出“科学监测、技术立站、人才兴站”的发展理念，以培养一流的人才为目标，以向技术研究型转变、加强技术服务与创新为方向，适时制定监测总站“十二五”人才发展规划，完善与之相适应的人才培养、评价与激励机制，着力培养领军人才和技术骨干。转型发展近 10 年间，监测总站初步建立了高素质人才梯队，硕士及以上学历职工 146 人，占总人数的 78%；党员 147 人，占总人数的 78%；专业技术人员 174 人，占总人数的 93%；工程院院士 1 名，高级及以上职称职工 94 人，占总人数的 50%；45 岁以下年轻职工 145 人，占总人数的 78%。

2017 年，中国环境监测总站在中央环保系统内率先实行“政技分离”，一是着力解决技术人员“双肩挑”问题，释放技术岗位为更多的青年技术人员提供晋升空间；二是跨业务部门组建首席科学家团队，首批优选技术能力基础较好的环境监测标准与方法、大气环境监测和水环境监测三个首席科学家团队，由各领域首席科学家、首席专家带领青年技术人员开展跨部门技术研究合作，形成梯队合理、方向明确、力量集中的监测技术科研团队，为监测业务发展提供技术支撑与指引；三是设立业务主管岗，为青年管理型人才提供施展平台，配合部门负责人协调管理相关领域业务工作。

内部改革工作得到了部系统人事司的大力支持与全程指导，改革成果得到部系统各直属单位的广泛认可，改革方案被积极推广与学习借鉴。

近年来环境监测系统涌现出一大批高素质的行业专家。2012 年，中国环境监测总站环境监测分析室 1 名同志获得共青团中央、人力资源和社会保障部联合颁发的“全国青年岗位能手”称号，成为全国首届青年岗位能手六位获奖人之一。2013 年和 2016 年，环境保护部组织专业技术领军人才和青年拔尖人才选拔工作，两届评选结果中环境监测系统有 9 位专家当选领军人才，占总人数的 15.3%，29 名青年同志当选青年拔尖人才，占获奖总人数的 22.3%。2015 年，环保部组织第一批国家环境监测“三五”人才称号评选，在全国环境监测系统共评选出 25 位国家环境监测尖端人才，222 位国家环境监测一流专家和 1 916 位国家环境监测技术骨干。2017 年，全国环境监测系统四位同志当选中国共产党第十九次全国代表大会代表。2018 年，监测监测总站 1 名同志获第一届中国环境科学学会青年科学家金奖。一批批行业领军人物和青年技术骨干迅速成长。

三、卫星环境应用中心

生态环境部卫星环境应用中心主要承担卫星遥感技术在环境领域的应用、研究与开发以及卫星环境应用系统的建设、管理等工作。

2009 年 2 月，中央编办批准设立环境保护部卫星环境应用中心。

2009 年 8 月，环境保护部批复了卫星中心“三定”方案。

2009 年 9 月，卫星中心完成了办公室、综合业务部、运行管理部、图像处理部、水环境遥感部、大气环境遥感部、生态环境遥感部等 7 个部门的组建。

2011 年 4 月，环境保护部批准增设航空遥感部，同年 5 月完成航空遥感部组建。

2014 年 3 月，环境保护部批准同意运行管理部、图像处理部合并为运行管理部，增设环评与规划遥感部，同年 4 月完成环评与规划遥感部组建。

目前，生态环境部卫星环境应用中心共下设办公室、综合业务部、运行管理部、航空遥感部、环评与规划遥感部、水环境遥感部、大气环境遥感部、生态环境遥感部 8 个部门。

2009 年卫星环境应用中心组建以来，先后选拔了 17 名中层领导干部。目前，卫星环境应用中心共有司局级干部 5 名，正处级干部 4 名，副处级干部 9 名。共有职工 101 人，在编 61 人，聘用 40 人。高学历高职称人员占比较多，其中博士 36 人，硕士 44 人，高级工程师 45 人。

四、国家环境分析测试中心

国家环境分析测试中心系1983年根据国家科委（83）国科发条字491号文件和城乡建设环境保护部（83）城环字第821号文件等批准设立的部、局直属事业机构，直属城乡建设环境保护部，原计划建设编制为330人。国家环境分析测试中心于1984年在中国环境科学研究院组建，1989年人事部人中编发〔1989〕13号文件核定“国家环境分析测试中心事业编制为50人，经费实行差额补贴”。依据国家环境保护局环计〔1994〕300号文件，国家环境分析测试中心于1994年挂靠到中国环境监测总站。依据国家环境保护局环人〔1996〕648号文件，国家环境分析测试中心自1996年起至今改由中日友好环境保护中心归口管理，并成为该中心的“开放实验室”，事业编制为50人。2002年，国家环境分析测试中心取得国家事业单位登记管理局颁发的“中华人民共和国事业单位法人证书”（事证第110000001860号）。

国家环境分析测试中心是科技部迄今批准的环境保护领域唯一国家级分析测试中心，也是环境保护部“国家环境保护二噁英污染控制重点实验室”的挂靠单位，具有国家级计量认证和实验室认可两大资质。

国家环境分析测试中心的基本定位是以满足建设创新型国家的重大战略需求为导向，以提高自主创新能力、服务经济社会发展为目标，重点解决环境保护和环境科学的综合性分析测试问题，为国家环境保护管理和科学研究提供技术支撑，为国民经济发展和社会进步服务。其职责是结合国家环境保护管理工作的需要，围绕国家环境科学和环境工程技术的发展，开展环境分析测试技术基础研究、应用开发、标准化和测试技术服务，建立四个技术服务体系，即复杂样品和非常规污染物分析测试技术方法研究与技术服务体系、复杂样品和非常规污染物环境污染风险调查监测与评估技术方法研究与技术服务体系、复杂样品和非常规污染物分析测试质控技术方法研究与技术服务体系、第三方环境分析检测与质量监督技术方法研究与技术服务体系。

其主要任务是开展环境分析测试新技术的研究，着重解决我国环境分析测试领域中的关键性和综合性问题，开发环境分析测试的新途径、新方法和新技术，承担污染纠纷的仲裁性分析测试，面向全社会开展分析测试服务和环境咨询、业务培训等工作。作为环境保护部的国家环境分析测试技术研究和技术仲裁机构，中心发展目标是充分发挥人才、设备和技术优势，在保证向政府和社会提供公正、科学、可靠、准确的检测数据的同时，积极主动参与国家重大项目的科学研究与合作攻关，成为国家环境分析测试新技术、新方法的研究与开发的支撑基地以及国家环保重大科技攻关项目研究与技术的支撑基地，在国家科学研究和技术创新体系中占有一席之地，成为集研究、培训、仲裁和服务等为一体的国内一流、国际认可的环境分析测试中心。

作为国家级研究单位，国家环境分析测试中心承担环境分析仪器设备和新型环境污染物测试技术的创新及其方法研究、标准化及其应用示范；作为国家环境保护重点实验室，开展二噁英污染控制技术和持久性有机污染物减排技术等重点领域的科学研究；作为国家级检测实验室，承担环境保护监管化学品和固体废物的生态环境危害鉴别测试任务；作为第三方检测机构，面向政府提供跨区域重大环境污染纠纷的仲裁和复杂、疑难环境样品的分析测试服务；作为生态环境部直属主要研究机构之一，围绕持久性有机污染物、沙尘暴及其携带污染物和大气颗粒物污染等全球性重点环境问题，在环境分析测试领域开展多种方式国内外合作与技术交流。

五、生态环境部标准样品研究所

生态环境部标准样品研究所主要从事各类环境标准物质的研究、生产与应用服务。

（一）机构沿革

1996 年 5 月 5 日，中国环境监测总站标准室整编制划归中日友好环境保护中心（以下简称中日中心），成立标准样品研究所（以下简称标样所）。

1996 年 7 月 31 日，国家环境保护局环人〔1996〕648 号文批复中日中心“三定”方案，中心设置国家环境保护局标准样品研究所。

1998 年 9 月 11 日，国家环境保护总局《关于国家环境保护总局挂牌单位调整的通知》（环发〔1998〕198 号），明确国家环境保护总局标准样品研究所设在中日友好环境保护中心。

2009 年 8 月 14 日，环境保护部《关于议事协调机构、临时机构、挂牌单位设置与调整的通知》（环办〔2009〕100 号），明确环境保护部标准样品研究所设在中日中心。

（二）内设机构及队伍建设情况

1996 年 11 月，标样所内设质量保证室、标样研究室、业务管理室。

2001 年 10 月，根据中日中心机构设置调整方案，标样所内设机构调整为标样研究一室、成立标样二室和业务管理室。

2005 年，标样所内设机构调整为四个室：业务管理室、无机标样研制室、有机标样研制室、气体标样研制室。

2011 年 6 月，中日中心批准标样所增设质量管理室。

2015 年 12 月，中日中心批准标样所《内设机构调整方案》，增设生产管理室，质量管理室加挂“技术服务室”的牌子；原气体、有机、无机研制室，分别调整为气体样品研究室、液体样品研究室、固体样品研究室。

2017 年 11 月，中日中心批准《标样所内设机构优化调整建议方案》，标样所内设六个室：应用技术研究室、质量管理室、综合业务室、液体样品研究室、气体样品研究室和固体样品研究室。

标样所的专业技术人才队伍随着机构的发展变化逐渐壮大，2018 年标样所由成立初的 13 人发展到现在的 43 人，从只有一名硕士研究生到现在博士 8 人，硕士 19 人，本科 15 人；其中正高级职称 7 人，副高级职称 10 人，中级职称 12 人。1 人入选第一批全国环境监测“三五”人才尖端人才，1 人入选第一批全国环境监测“三五”人才一流专家，2 人入选第一批全国环境监测“三五”人才技术骨干。2 人为中日中心学术委员会委员，2 人次荣获国家标准化管理委员会颁发的“从事标准化工作 20 年以上工作者”荣誉称号。

第二章　地方环境监测机构与队伍

地方环境监测机构的设置与国家设立的环境监测机构一脉相承，部分地方因地制宜还设立了具有地方特色符合当地环境特征的专项监测机构。地方环境监测机构主要包括地方环境监测行政管理机构、省级环境监测站、市县级监测站，一些省、市环保部门还设立了区域、流域、生态、海洋等专业环境监测机构。本章不仅描述了地方环境监测机构的现状，还结合了地方实施省以下环保机构监测垂直管理制度试点工作的进展情况。

一、地方环境监测行政管理机构

自 2008 年环境保护部新设立环境监测司后，在 2009 年各级地方政府的机构改革中，全国 31 个省、自治区、直辖市的环境保护行政主管部门普遍设立了具备环境监测行政管理职能的内设处室。

各省级环保部门设立的环境监测行政管理机构大致分为三类：一是环境监测处，如：北京、山西、吉林、湖北、陕西、贵州、甘肃等省份。二是环境监测与科技标准处，如：广东、内蒙古、海南、福建、安徽等省份。三是其他，环境监测与应急处，如：河北、辽宁等省份；监测监察处，如：新疆、青海等省份；监测信息处，如：江苏等。

各省级环境监测行政管理机构共同的主要职责有：负责环境监测管理，组织开展环境监测；负责起草环境监测方面的地方性法规草案、政府规章草案和建立环境监测管理制度并组织实施，组织贯彻有关环境监测政策；组织管理本辖区环境监测网络，组织实施环境质量监测、污染源监督性监测、环境应急和预警监测；建立环境监测质量管理制度并组织实施，组织编制和发布环境状况公报，统一发布环境监测信息。

各省级监测站中机构编制规模最大的为重庆市环境监测中心，多达 264 人，最小的省级监测站为新疆生产建设兵团环境监测中心站，仅有 25 人。

各地市级环保部门按照省级环境监测行政管理机构设置对口设立了具备环境监测行政管理职能的内设机构，负责环境监测和信息发布，负责辖区内环境监测站环境质量等数据的审核。

各县级环保部门按照市级环境监测行政管理机构设置也对口设立了具备环境监测行政管理职能的内设机构。

二、省级环境监测站

1973 年，中国召开第一次全国环境保护会议。1974 年，国务院环境保护领导小组正式成立，标志着我国历史上第一个环境保护机构的诞生。而国务院环境保护领导小组一成立就提出要成立环保监测机构。国务院《关于保护和改善环境的若干决定》明确：以现有的卫生系统的卫生防疫单位为基础，对人员和仪器设备进行适当调整和充实，担负起监测任务。有的地方也可以单独设立监测机构，环境监测机构有权监督和检查职能。

1973 年 11 月，自我国第一个省级环境监测站——广东省环境监测站成立之后，云南、广西、北京、湖北、湖南、辽宁等省级监测站相继成立，从与防疫站合署办公到独立建制。

各省、自治区、直辖市环境监测站的职能是根据辖区内环境管理需要，组织开展相应的环境监测工作，建设运行省级环境监测网。同时，还作为国家环境监测网成员单位承担区域内的国家环境监测任务。

目前，所有的省级站都组织开展了环境空气、地表水、饮用水水源地、生态、土壤、近岸海域、噪声等领域的环境质量监测预警以及重点监控企业污染源监督性监测，并及时公开各类监测信息。目前全国已经建成 1 203 个省控环境空气自动监测站，3 600 个省控水质监测断面，750 个省控水质自动站。此外，全国有 7 个省份设置了 400 个水生生物监测点位，东北三省近 20 个环境监测站开展了生物多样性、生物残留、生物生长观察等多项监测。目前，所有省级站基本都具备水质 109 项全分析能力，多数省级站装备已达到了国内先进水平，通过认证的能力项目包括水和废水、空气和废气、土壤等固体物、机动车尾气、噪声和振动等共 23 个大类 300 多个大项 700 多个小项。监测分析能力包括无机、有机、痕量、超痕量、连续自动化和现场快速分析等。东部一些发达地区的省级站达到了国际先进水平，监测能力可以覆盖国家标准中所有监测项目。

三、市县级环境监测站

全国共有 300 多个地市级环境监测站，这一级站是具体承担监测任务的主体。在建设运行市级环境监测网，承担辖区内环境监测工作任务的基础上，同时，还作为国家和省级环境监测网络成员单位承担相应的环境监测任务。

目前，全国已建成 1 231 个市控环境空气自动监测站，3 500 个市控水质监测断面，409 个市控水质自动站。绝大多数市级监测站都具备开展空气、地表水、生态、噪声等环境质量监测和排污企业污染源监督性监测能力，基本能够说清辖区内环境质量状况和污染源排放情况。大部分市级站都配备了常规和应急监测仪器设备，监测能力项目超200项。东部地区多数市级站具备地表饮用水源地109项监测全分析能力，大部分县（市、区）监测项目平均达100项以上，开机率超90%。

区县级环境监测机构是最基层的环境监测机构，主要承担辖区内的环境质量监测和污染源监督抽测。近年来，区县级监测站能力建设取得了一定程度的进步，经济发展水平较高的区县站，基本具备了完成辖区内开展环境管理所需要的监测工作的能力，在县域生态环境质量监测、乡镇饮用水水源地监测、污染源监督性监测等方面发挥了一定作用。但还有一些区县监测站能力还较为薄弱，需进一步加强基础能力建设。

专栏　省级功能性环境监测机构的主要职责

黑龙江省三江环境监测站：承担松花江入黑龙江和黑龙江、乌苏里江抚远等出境水质断面监测工作；承担中俄界江水质联合监测工作；承担国家水质自动站托管工作。现有人员编制24名，位于同江市。

江苏省生态环境监控中心：主要承担江苏省生态环境监管与环境信息的一体化监管，负责对全省环境质量状况、重点污染源排污情况、重点放射源进行实时监控；负责统计、分析、汇总自动监测设备监测数据；承担省环境保护厅信息网络建设与维护工作。内设办公室、监控科、信息科和运管科4个科室。

山东省环境信息与监控中心：承担厅机关环境信息网络建设及运行管理，负责全省环境自动监测系统建设运行管理，负责全省机动车排气污染监控，开展环境信息和监控技术研究、培训。

专栏

地方环境监测机构一览表（2017）

地区名称	环境监测部门/机构数（个）	环境监测管理部门数（个）	环境监测中心/站机构数（个）	环境监测人员数（人）	环境监测管理部门人员数（人）	环境监测中心/站人员数
总计	3 336	744	2 494	58 670	3 887	52 737
国家级	2	1	1	201	17	184
北京	20	1	19	585	6	578
天津	21	1	17	597	196	345
河北	220	43	172	3 669	174	3 410
山西	167	43	117	3 422	285	2 904
内蒙古	160	30	126	2 368	78	2 218
辽宁	114	26	87	2 525	224	2 223
吉林	95	24	68	1 634	136	1 442
黑龙江	129	13	116	1 640	38	1 602
上海	20	4	16	990	33	957
江苏	58	13	36	1 609	61	1 507
浙江	81	15	65	1 937	146	1 711
安徽	88	28	53	1 243	147	1 081
福建	129	25	100	2 337	126	2 073
江西	105	24	80	1 182	96	1 055
山东	192	30	152	3 960	131	3 657
河南	203	75	120	4 746	416	4 078
湖北	119	24	93	2 431	314	2 056
湖南	170	47	122	3 060	269	2 584
广东	131	21	108	2 970	52	2 888
广西	124	26	96	1 709	93	1 581
海南	25	5	20	384	27	345
重庆	65	21	43	1 301	53	1 239
四川	208	47	159	4 293	299	3 897
贵州	110	23	84	1 294	59	1 208
云南	189	33	144	2 131	73	2 017
西藏	39	13	25	187	27	156
陕西	67	20	46	913	44	835
甘肃	117	22	93	1 491	105	1 244
青海	25	9	15	212	26	186
宁夏	13	1	12	264	5	259
新疆	130	36	89	1 385	131	1 217

数据来源：《中国环境统计年鉴 2017》。

第三章　其他部门监测机构与队伍

生态环境部为环境监测的主管部门，新环保法中也明确赋予其权力。其他部门监测机构主要涉及自然资源部、水利部、农业农村部对水、气、土等环境要素开展监测工作的相关监测机构。

一、自然资源部所属监测机构

自然资源部国土系统全国主要监测单位共248家，其中国家中心2家，为中国地质环境监测院和中国地质调查局水文地质调查中心；省级管理监测单位29家，为各省地质环境监测院/中心/总站，隶属于各省国土厅；地市级监测单位217家，为各地市地质环境监测站，隶属于各市国土局。另外部分区县还设有分站。自然资源部开展地下水环境监测主要由水文地质调查中心和中国地质环境监测院两个机构作技术支撑。

（一）中国地质环境监测院

中国地质环境监测院是自然资源部中国地质调查局直属事业单位，承担全国地质环境监测网的建设与管理，开展水文地质信息服务，以及其他与环境地质、地质灾害相关的监测工作。下设地下水调查监测室、环境调查评价室、国家地下水监测专项办、地下水模型中心等专门组织开展国家地下水监测相关工作。现有职工231人（教授级49人，副高级70人，中级68人，初级及以下37人）。

（二）水文地质调查中心

水文地质调查中心是自然资源部中国地质调查局直属事业单位，主要承担地下水与土地污染调查研究工作，设有地下水与土地污染室。负责编制和实施地下水和土地污染调查研究规划计划，负责地下水和土地污染调查研究工作及项目库建设。承担地下水和土地污染重大科学问题创新研究。承担地下水和土地污染综合研究和图件编制、综合性成果集成与应用服务、人才培养、国际合作与交流、标准规范制定工作。负责地下水和土地污染防治工程技术研究中心（地下水和土地污染防治实验室、地下水水质测试与评价中心）的日常工作。现有职工 336 人。

（三）地方自然资源部门所属监测机构

全国地下水环境监测网络包括国家级骨干网、省级基本网和地市级延伸网三个级别。国家级骨干网由区域控制性监测点（区）构成，主要目的是了解全国地下水环境的宏观动态变化特征；省级基本网由地域控制性监测点（区）构成，主要目的是系统、全面地掌握本行政区内的地下水环境的动态变化特征，省级获取的监测数据是最重要的基础数据；地市级延伸网主要以满足当地实际需要为原则建设。地下水地质环境监测相对完善，目前监测点在全国 31 个省(区、市)均有分布，监测的重点地区是黄淮海平原、松辽平原、三江平原、关中盆地、银川平原、柴达木盆地、长江三角洲、山东半岛、江汉平原、成都平原、河西走廊、山西六大盆地、神木能源开发区和全国 217 个开发利用地下水的城市及主要大中型地下水水源地等区域。

（四）国家海洋环境监测机构

海洋系统全国监测单位共 78 家（包括共建单位 23 家）。其中国家中心 1 家，为国家海洋环境监测中心；分局管理监测单位 18 家，其中北海分局所属监测单位 6 家，东海分局所属监测单位 7 家，南海分局监测单位 5 家；地方局所属监测单位 59 家。全国海洋系统监测机构大多起源于海洋水文观测站或渔业检验部门，具有海洋环境监测职能（其他还开展包括海洋观测、海洋调查、海洋预报、水文调查、资源勘察、测绘和渔业检验等工作），国家级和海区监测能力相对完善。国家海洋环境监测机构主要职能包括全国海洋环境监测的业务管理、海洋环境保护科学技术研究、海域使用管理技术支持。

海洋环境监测开展的业务包括海洋环境监测、资源调查、水文调查、海洋预报、海洋勘测、海洋渔业检验、海洋观测、海洋溢油技术支持和防灾减灾等。其中海洋环境监测业务主要包括环境质量监测、生态监控区监测、陆源入海排污口监测、污染现状与趋势性监测、海域使用动态监视监测、海洋功能区监测等。

涉及生态环境监测职能主要包括全国近岸海域生态监控区监测、赤潮监控区监测、陆源入海排污口监测、污染现状与趋势性监测、主要海洋功能区监测以及监测质量控制与质量保证等；其他还开展涉及海洋环境保护、海域使用管理等领域的基础科学研究和相关技术的开发工作。环境监测职能包括区域海洋环境质量、入海污染源、海洋功能区、海洋二氧化碳、海洋污染事件监测和生态灾害预报预警、应急监视监测等；其他还开展海洋水动力、断面调查，海洋资源调查，海洋溢油鉴定、油指纹库建设和排海物质检验，海洋环境监测预报，海洋防灾减灾和海洋科研调查，技术服务，各类海洋规划编制，海洋地质勘察测绘等。地方管理监测单位涉及环境监测职能包括海洋环境、海洋生态系统、重点陆源入海排污口、主要河口、重点增养殖区、海洋自然保护区、海水浴场检测等；其他还开展渔业病害测报、防治，水产品质量监督检验，海域测绘、海洋观测等职责。

二、水利部所属监测机构

水利系统水环境监测机构总计332个，包括2个部中心（水利部水环境监测评价研究中心，设在中国水利水电科学研究院；水文水资源监测预报中心，设在水利部信息中心）、7个流域（长江流域、黄河流域、淮河流域、海河流域、珠江流域、松辽流域、太湖流域）监测中心及其下设的25个分中心、31个省级监测中心、267个地市级分中心。各级水环境监测中心专职持证监测人员3200多人，各水文站持证的采样人员2846人。

（一）水环境监测评价研究中心（国家地下水监测中心）

属于或涉及生态环境监测的主要是流域水环境保护的“省界水环境监测”职能，水质监测的“组织实施江河湖库和地下水水质监测”职能，以及各流域管理机构的“省界水体、重要水功能区和重要入河排污口的水质状况监测、流域水环境监测和网络建设管理”“流域重要水域、直管江河湖库及跨流域调水的水量水质监测”“流域地下水监测”等职能。水利系统全国主要地下水监测单位情况与地表水一致。以国家层面为例，水利部下设水文司，司内专设地下水监测处，组织开展地下水的水量、水质监测。

（二）水文水资源监测预报中心

水文水资源监测预报中心设在水利部信息中心，下设综合管理处、地表水监测评价处、地下水监测评价处、水质监测评价处，承担全国地下水的监测、分析和预测预报工作，负责国家地下水监测工程（水利部分）的建设与运行管理工作，承担与地下水相关的技术工作，负责地下水月报的编制。主要地下水监测工作依托七大流域管理机构下辖的水资源保护局下的事业单位水环境监测中心/分中心和各省市水利厅/局下设的水环境监测站开展。

（三）流域管理机构

以流域管理机构中较大的长江水利委员会为例，内设水资源局（副局级），主管水资源保护，单列机构为长江流域水资源保护局（正局级），是具有行政职能的事业单位。现有职工212人（其中博士30人、硕士62人）。与水质监测相关的职能主要包括：省界水体水环境质量监测，组织开展重要水功能区、重要供水水源地、重要入河排污口的水质状况监测；组织指导流域内水环境监测站网建设和管理，指导流域内水环境监测工作。

此外，长江流域水资源保护局还设有派出机构上海局、丹江口局；有下属事业单位长江水资源保护科学研究所和长江流域水环境监测中心。其中，长江流域水环境监测中心主要开展水环境监测、水资源调查和监测评价等工作，共有各类专业技术人员 42 人。

三、农业农村部所属监测机构

全国构建了国家—省—市—县四级农业土壤监测技术支撑机构。国家级 2 个，分别为农业农村部农业生态与资源保护总站和农业农村部环境监测总站；各地共 33 个省级农业环保站，326 个地级站和 1 794 个县级站。目前，农业农村部已建立了由 273 处种植业源产排污系数监测点、210 处地膜污染监测点以及 25 处畜禽养殖废弃物产排污系数监测点组成的全国农业面源污染国控监测网络，开展农业面源污染典型调查与长期定位监测，构建了农业面源污染数据库，初步形成了农业面源污染监测的常态化、规范化和制度化。2016 年开展了农业面源污染防治的绩效管理试点工作。此外还开展了土壤普查、农产品产地土壤污染状况调查等工作，均涉及农业土壤生态环境监测工作。

（一）生态与资源保护总站

农业农村部农业生态与资源保护总站是农业农村部直属单位，其属于或涉及农业面源污染的职责包括：组织全国性农业环境监测工作，组织参与全国农业环境监测网络建设，组织拟定相关监测技术方案、技术规范，开展农业面源污染监测与评价等。

（二）环境保护科研监测所（设有农业农村部环境监测总站）

国家层面，农业农村部环境保护科研监测所（设有农业农村部环境监测总站）是全国农业环境监测网络牵头单位和业务指导单位，为非营利性科研机构，是当前土壤环境监测工作的重要技术支撑单位。该研究所成立农业环境监测与预警研究中心（由产地环境监测与预警创新团队、环境危害因子风险评估创新团队、农业环境数据挖掘与信息化创新团队构成）、农业生态与环境治理研究中心、农业农村部环境质量监督检验测试中心（天津）、农业农村部产地环境污染防控重点实验室。2016 年该所被国家外专局授牌建立“农业面源污染监测及防治技术”国家引进国外智力成果示范推广基地。现有职工 129 人（其中引进海外高层次人才 1 人，中科院百人计划人才 1 人，高级职称 62 人，博硕生导师 42 人）。

（三）中国农业科学院农业资源与农业区划研究所

作为面源污染控制重点实验室，主要以植物营养与肥料、农业遥感与信息、农业土壤、农业微生物资源与利用、农业生态、农业区域发展为核心研究领域，开展综合性的基础与应用基础研究。现有职工 286 人（其中工程院院士 1 人，“千人计划”专家 2 人，国家“特支计划”人才 1 人，“新世纪百千万人才工程”国家级人选 3 人等）。

（四）耕地质量监测保护中心

耕地质量监测保护中心是经中央编办批准成立的农业农村部直属事业单位，主要负责全国耕地质量调查监测体系建设，承担全国耕地质量监测网络和信息管理系统建设；开展全国耕地质量调查监测与评价，承担耕地与基本农田质量分等定级和质量保护有关工作；开展耕地土壤改良、地力培肥、治理修复等产品及技术推广和项目建设等工作；受委托开展耕地质量监测保护其他相关工作等。

第四章　环境监测社会组织发展情况

环境监测行业组织主要依托于中国环境保护产业协会，产业协会设有两个与环境监测相关的专业委员会，即环境监测仪器专业委员会、社会化环境监测与运营服务专业委员会。

一、中国环境保护产业协会概况

中国环境保护产业协会（前身为1984年成立的中国环境保护工业协会）成立于1993年，是由在中国境内登记注册的从事环境保护产业的科研、设计、生产、流通和服务单位以及相关专家自愿结成的社会团体，是具有社团法人资格的跨地区、跨部门、跨所有制的全国性、行业性的非营利性组织。截至2017年6月，协会下设18个分支机构分别开展各专业领域的活动，共有团体会员近50家，单位会员超过1 800家，个人会员约100名，并通过省市协会联系着上万家企业。作为环境保护行业最具影响力的行业协会，秉承为企业服务、为行业服务、为政府服务，致力于促进行业技术进步，推动中国环境保护产业健康发展。

二、环境监测仪器专业委员会

环境监测仪器专业委员会是中国环保产业协会的职能机构，在协会常务理事会和常设机构的领导下开展工作。环境监测仪器委员会主要业务活动范围为：水环境和废水监测仪器、空气和废气监测仪器、固体废物分析与监测仪器、噪声与振动监测仪器、放射性和电磁波监测仪器以及各种污染治理设施监控仪表等相关的适用性检测工作，重点做好与各类在线监测、控制系统建设相关的技术支持。委员会主要立足充分发挥本专业委员会秘书处所具有的与政府、与仪器生产和销售企业、与环境监测用户联系密切的特殊优势，以“为企业、为行业、为政府”服务为基本职能，重点抓好行业技术进步、行业协调和行业服务。突出“行业”，强调“协会整体”，积极推进我国环保产业事业的发展。

三、社会化环境监测与运营服务专业委员会

环境保护部于2015年2月发布了《关于推进环境监测服务社会化的指导意见》，鼓励社会化环境监测单位进入环境监测服务市场。为引导监测市场健康发展，建立公平有序的市场环境，通过行业自律规范社会化环境监测机构的市场行为，提高环境监测质量和管理水平，根据《中国环境保护产业协会章程》和《中国环境保护产业协会分支机构管理办法》，经第五届理事会第二次常务理事通讯会议审议，同意成立“中国环境保护产业协会社会化环境监测与运营专业委员会”。

中国环境保护产业协会社会化环境监测与运营服务专业委员会成立后，利用行业的优势，组织会员单位和委员们积极开展社会化环境监测服务的有关行业标准制修订、培训、技术交流等工作，以标准化工作提升行业整体服务水平，通过行业自律推动社会化环境监测与运营服务市场的规范，为环境监测工作提供有力抓手。同时，也进一步加快了我国社会化环境监测发展进程，促进了社会环境监测机构承担部分监测任务，缓解了当前环境监测能力与环境管理需求矛盾，满足了社会化监测行业自身发展的内在需要。

第五章　社会监测机构

近年来，中国经济社会发展迅速，环境保护领域日益扩大、环境监测任务快速增加，随着环境监测服务社会化的深入推进，一大批社会监测机构已经进入环境监测服务市场，成为承接政府环境保护职能转变、提供环境监测公共服务的重要载体。从事监测技术服务的社会监测机构主要有社会化检测机构、环境监测运维机构和环境监测仪器设备厂商。

一、社会化检测机构

随着生态文明建设和环境保护的深入推进，促使环境监测领域和任务迅速扩张，激发了环境监测市场需求，大量社会化环境检测机构应运而生。据调查估算，全国已形成了十几万人的社会监测力量，长三角、珠三角地区社会监测机构发展尤为迅猛。以浙江省为例，截至 2013 年底，浙江省共有 103 家社会检测机构，从业人员 2 000 多人，年产值约 12 亿元，其中年产值在 200 万元以下的占 51%，3 000 万元以上的占 7%。上海市和广东省的社会检测机构也分别达到 40 余家和 90 余家。

社会检测机构在为企业和公众提供检测服务的同时，在环境空气质量、地表水监测和污染源委托监测等领域承担了大量检测任务，是环境监测事业的坚实基础。而且社会化检测机构经过多年市场培育，在规模、检测能力、业务量等方面都有了长足的发展，以苏州市为例，苏州市从事环境监测的社会机构起步于 2005 年，据不完全统计，截至 2015 年，市内已有近 20 家社会环境检测机构，社会检测从业人员 800 多人，是苏州市系统内监测人员的 2 倍，固定资产超过 3.4 亿元，仪器设备总数约 5 000 台（套），是系统内仪器总套数的 2.5 倍；实验室总面积 32 000 余 m^3，是系统内监测用房的 1.5 倍，大多检测机构检测方法都在 200 项以上，最高的达到 800 多项。近几年承接的业务量也逐年增加，2013 年苏州市环保部门委托社会检测机构的专项费用就高达 3 000 万元左右。

二、环境监测运维机构

目前，国控、省控等各级各类自动监测站点数量大幅增长，监测项目不断扩展，对自动监测站点连续稳定运行要求越发严格，而与此对应的环境监测站人力资源受编制等约束却无法同步加强，难以满足有效运维各级站点的需求。随着对运维补充力量的急切需要，社会化运维队伍迅速发展壮大。目前社会化运维机构在公司规模、运维能力、技术人员配备、服务价格等方面已经显著增强，并逐渐成为环境空气自动监测站点运维的主要力量。环境自动监测站点社会化运维方式已逐渐成为主流方向。

1. 空气监测自动站运维。2016 年 8 月，根据环境保护部印发的《关于做好国家环境空气质量监测城市站社会化运维交接工作的通知（特急）》（环办监测函〔2016〕1527 号）的要求，2016 年 10 月底，全国现有 1 436 个国控点监测事权全部上收，日常运维管理工作由中国环境监测总站委托第三方公司承担。空气自动站委托社会化运维是指监测单位将空气子站的日常运行维护委托给有资质的单位完成，目的是降低成本，提高效率及监测结果的质量，避免行政干预。适用于仪器品种较多或者人员少或者专业技术力量不强的单位。现在国内有资质的第三方运维公司基本都依托仪器供应商或者生产商，在技术方面能满足管理需求。

目前，各省市空气监测自动站也纷纷委托第三方企业运维。以南京市为例，为了解决空气子站稳定运行与人员力量不足的矛盾，自 2012 年起，南京市逐步探索及引入社会化运维的方式，保障空气子站的稳定运行。目前，全市空气自动监测子站的日常运维均委托第三方机构开展，市站按照年度质控计划对全市点位开展定期或不定期质控检查。检查形式主要是现场检查和盲样考核。这样既保障了环境监测数据的质量、促进了环境监测社会化，又解决了政府监测机构人手不足的问题。

2. 水质自动监测站运维。地表水水质自动监测系统自 20 世纪 90 年代后期开始进入国内环境监测领域，发展至今已形成相当大的规模，技术水平也日趋成熟。自动监测系统在带来数据及时、全面等优越性的同时，也给各级环境监测部门增加了不少工作压力，新系统的建设、原有系统的巡检和运行维护、故障排除、数据的收集积累分析等均需牵涉大量的人力资源，而委托有资质的第三方运维公司是目前切实可行的解决办法。北京、江苏、河北及河南等较发达省市均将所有水站通过招标委托第三方专业公司统一运维，这种方式具有节约人力、仪器故障率低、运行效率高等优点，也是今后水站运维管理的主要发展方向。

3. 污染源在线监测运维。经过多年的发展，我国已经建成遍及全国的污染源自动监控系统网络。2008 年，国务院出台《污染源自动监控设施运行管理办法》，在对污染源自动监控设施的运维工作提出要求的同时，鼓励排污企业将污染源自动监控设施委托给（有资质的）第三方运维企业运营。目前，各省市污染源在线监测也纷纷交由第三方企业运维。以南宁市为例，2007 年，南宁市全面开展污染源自动监控系统建设。截至 2013 年，南宁市有 110 家废水污染源企业、23 家废气污染源企业和 11 家污水处理厂，共计

159 套自动监控设备投入运行，其中有 148 套污染源自动监控设施采用第三方企业运维。

三、环境监测仪器设备厂商

20 世纪 80 年代中期到 90 年代中期，我国的环境监测仪器基本靠进口，国内只能生产简单的空气采样器、可见 - 紫外分光光度计、电导仪、pH 计、火焰原子吸收分光光度计、气相色谱仪等。这个时期生产环境监测仪器的厂家基本是生产通用分析仪器的国有企业和集体所有制企业。环境监测仪器的国产化、自己研制、创新和快速发展时期是 90 年代中期以后，股份制企业和个体企业逐渐占据了一定位置。环境监测仪器主要依赖进口的局面得以改善，能基本满足国内需求，而且有了出口，但大型环境监测仪器主要还靠进口。党的十八大以后，我国环境保护工作力度不断加强，环境监测社会化工作不断推进，环境监测仪器发展规模逐步增长，国产仪器生产企业的实力不断增强。现在不仅能够生产满足国内需要的大多数常规监测仪器，而且具备了出口的能力。

根据环境监测仪器委员会的统计，环境监测仪器行业 2010 年环境监测设备总销售额达到 35 亿元。全年利税总额达到 14.26 亿元，其中环境监测仪器相关的利税达到 7.8 亿元。2017 年，全行业的总销售额突破了 65 亿元，同比增长了 1.56%（见图 2-2）。

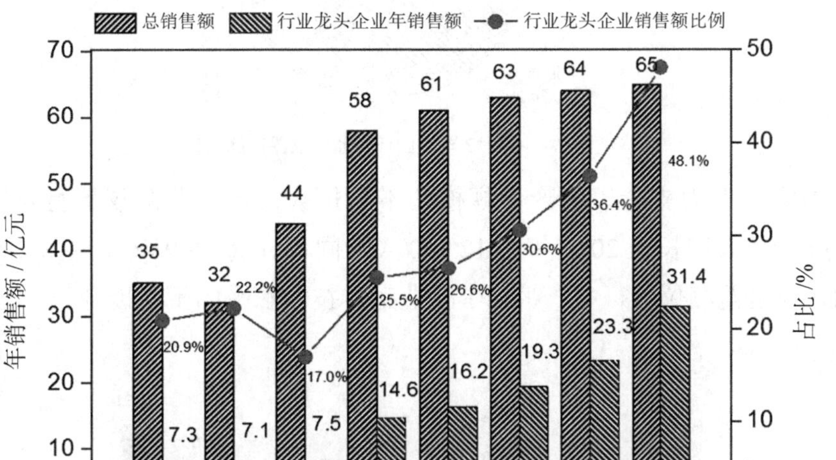

图 2-2　2010—2017 年我国环境监测产品销售额及行业龙头企业销售占比

2010 年环境监测仪器类总销售数为 22 339 台（套），2017 年环境监测仪器类总销售数为 54 373 台（套）。在产品结构方面，2010 年烟气烟尘、水质监测类仪器占据主要监测仪器市场，分别为 46% 和 40%（见图 2-3）；2017 年环境监测仪器销售量占比最大的是水质监测设备和烟尘烟气监测设备，分别占总体市场销量的 34.2% 和 32.7%。监测数据采集仪器、环境空气监测设备和采样器分别占比16.8%、12.7%和3.7%(见图2-4)。

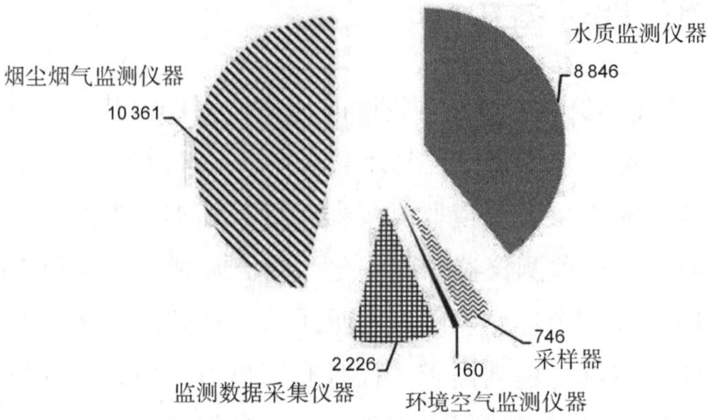

图2-3 2010年各类别仪器市场销售情况

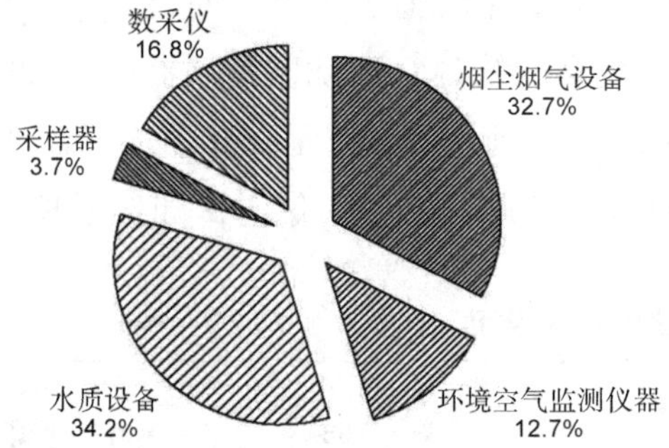

图2-4 2017年我国环境监测仪器产品结构

随着国家的大力支持以及产业规模的不断扩大，环境监测仪器行业的从业人数从2010年的6 554人增长至2017年的12 910人，同比提高96.98%（见图2-5）。大量高学历人才涌入环境监测仪器行业，带动了行业整体技术水平的不断提升。

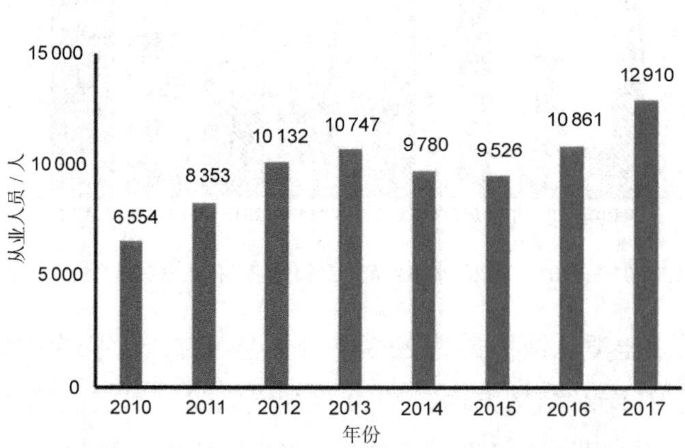

图2-5 2010—2017年环境监测行业从业人员人数情况

第三篇 中国环境监测网络现状

环境监测只有形成网络才能发挥其应有的作用。经过40余年的发展，我国已形成要素齐全、覆盖全国、功能完善的环境监测网络，涵盖了大气、水（包括海洋）、土壤、生态/生物、噪声等要素及污染源，同时，根据环境管理需求还建立了专题性、区域性环境监测网络，如农村环境监测网、三峡工程生态与环境监测网络、沙尘监测网、酸雨监测网等。环境监测技术手段也在不断发展，正由传统实验室监测向自动化、智能化、天地一体化的自动监测方向转变，部分环境要素如环境空气、水、污染源已逐步迈入自动监测新阶段。

第一章　环境空气监测网

经过40年的发展，我国已基本建成层次分明、功能齐全的国家和地方环境空气监测网络，国家环境空气监测网络主要包括国家城市环境空气质量监测网、国家区域环境空气质量监测网和国家环境空气背景监测网；地方环境空气监测网是在国家网的基础上进一步延伸和加密，基本覆盖到县级层次，部分省份甚至覆盖到乡镇一级。

一、国家城市环境空气质量监测网络

国家城市环境空气质量监测网络是我国环境空气质量监测网络的主体，也是最早开始建设的空气监测网络，主要用于监测城市建成区范围或不同功能区内的环境空气质量状况，用于评价城市建成区内的整体空气质量状况和空气质量达标情况，反映人口密集地区的污染物暴露情况，为环境管理和公众信息服务提供技术支持。

（一）网络建设历程

20世纪70年代中期，北京、沈阳等城市率先开展城市空气质量监测。80年代，初步建立了最早的国家城市环境空气质量监测网络，主要监测项目为二氧化硫（SO_2）、氮氧化物（NO_x）和总悬浮颗粒物（TSP），采用手工采样—实验室分析的监测方法，只有少部分城市建立空气自动监测系统，开展自动监测。

1992年国家环境保护局印发《关于调整国家环境质量监测网络站的通知》（环监〔1992〕142号），确定组建由103个城市环境监测站组成的全国城市空气质量监测网络，监测项目主要是二氧化硫（SO_2）、氮氧化物（NO_x）和总悬浮颗粒物（TSP）。一直到“十一五”末期，国家环境空气监测网主要由113个环保重点城市组成。

“十二五”期间，环境空气污染问题受到国家和公众的日益关注，原有的环境空气质量监测网络已经不能满足需求，需要建立布局更加合理、代表性更强、精度更高的环境空气监测网络。2012年，环境保护部印发《国家环境空气监测网（地级以上城市）设置方案》（环发〔2012〕42号），完成了国家城市环境空气质量监测网络调整工作，监测范围由原来113个环保重点城市扩大到全国31个省（自治区、直辖市）的338个地级及以上城市，监测点位由原来的661个调整为1 436个，增加775个。同时，各省、自治区、直辖市还设置了省控、市控监测点位4 000余个。至此，我国已建成发展中国家最大的城市环境空气质量监测网络。

（二）监测技术发展

随着技术的发展，空气质量监测仪器装备和技术水平有很大提升。20世纪80年代，我国环境保护工作整体处于起步阶段，空气质量监测主要采用间接式手工采样法（五日法），该方式获取的监测数据时间代表性不足，统计结果误差相对较大。1986年，国家环境保护局颁布《环境监测技术规范》，对空气质量监测的频率和周期做出了规定。1996年，《环境空气质量标准》（GB 3095—1996）修订时增加了对空气质量监测频率和周期的要求，推动空气质量自动监测得到进一步发展，虽然各城市监测项目不尽相同，但已普遍监测二氧化硫、氮氧化物和颗粒物。

进入21世纪以来，随着我国社会经济的快速发展和工业化、城市化进程的加快，大气环境污染特征发生了深刻变化，灰霾、光化学烟雾等复合型大气污染问题日益突出，成为社会各界高度关注和亟待解决的重大环境问题。1996年发布的《环境空气质量标准》（GB 3095—1996）中规定的二氧化硫、二氧化氮和PM_{10}三项污染物监测评价标准已不能全面反映城市空气质量状况。在第七次全国环保大会上，时任国务院副总理李克强要求要抓紧修订和发布环境空气质量标准，改进空气质量评价方法，依据各地空气污染特征、经济发展水平和空气质量要求分期实施，逐步与国际标准接轨，使评价结果与人民群众切身感受相一致。2008年环境保护部启动了《环境空气质量标准》（GB 3095—1996）修订任务，由中国环境科学研究院和中国环境监测总站共同承担。新修订的《环境空气质量标准》（GB 3095—2012）借鉴国际最新研究成果和标准规范，增加了一氧化碳（CO）、细颗粒物（$PM_{2.5}$）和臭氧（O_3）三项污染物监测评价标准，调整了二氧化硫、二氧化氮和PM_{10}三项污染物评价标准，并于2013年在京津冀区域及74个重点城市率先应用，2016年1月1日起在全国统一实施。在修订《环境空气质量标准》（GB 3095—1996）的过程中，最为重要的技术工作是探索细颗粒物（$PM_{2.5}$）和臭氧的监测技术方法。自2008年起，中国环境监测总站联合天津、上海、重庆、广州、深圳、南京、苏州、宁波等8个城市或地区（每城市设1 ~ 3个监测点）开展灰霾试点监测工作，包括$PM_{2.5}$监测；在北京、天津、上海、青岛、沈阳、广州等6个城市或地区（每城市设2 ~ 4个监测点）开展臭氧试点监测工作，为了解我国的$PM_{2.5}$、臭氧浓度状况提供了第一手资料，并为环境空气质量标准修订以及相关技术规范制定奠定了基础。

为了配合新环境空气质量标准实施，中国环境监测总站开展了环境质量监测网 $PM_{2.5}$ 监测仪器比对测试，从 2012 年 1 月 17 日起组织开展了 4 个阶段的比对测试，先后集中了国内外十几个型号的数十台 $PM_{2.5}$ 监测设备，并组织实力较强的地方监测站一起形成测试小组，认真研究分析各种类型、各种型号的 $PM_{2.5}$ 监测仪器在不同温度、湿度条件下的准确度与稳定性，研究确定了适用于我国的监测设备技术指标和备选仪器型号范围，制定印发了《2012 年城市环境空气自动监测仪器设备主要技术指标及参数要求》，供各地参照进行仪器设备招标和采购，为全国 $PM_{2.5}$ 监测能力建设提供了技术支持。此外还研究制定了新《空气质量评价办法》中新增指标的监测方法、技术规范、质量控制规范，开展了《环境空气自动监测技术规范》的修订工作，完成了二氧化硫、二氧化氮、一氧化碳、臭氧等气态污染物和颗粒物自动监测仪器设备的安装与验收、运行与质控等技术规范的编制；相继制定了《环境空气颗粒物（PM_{10} 和 $PM_{2.5}$）连续自动监测系统技术要求及检测方法》（HJ 653—2013）等六项监测标准，进一步规范了环境空气质量监测工作。

图 3-1　$PM_{2.5}$ 监测仪器比对测试

（三）空气质量信息发布

环境空气质量信息发布，为全社会关注空气污染问题、防治大气污染起到了积极作用。我国经历了空气质量周报、日报、实时报等信息发布历程。随着新《环境空气质量标准》颁布及国家城市环境监测网建立，自 2012 年起，1 436 个点位相继开展 SO_2、NO_2、PM_{10}、$PM_{2.5}$、CO 和 O_3 等六项污染物的监测，并于 2013 年 1 月 1 日起，环境保护部正式向公众发布空气质量指数信息。本着让老百姓看得懂、看得明白的要求，按照及时、准确、便民、为民的原则，中国环境监测总站在官方网站推出“全国城市空气质量实时发布系统”网络版、手机版，供公众及时了解空气质量信息，为公众提供健康指引和出行参考。第一阶段实施空气质量新标准的 74 个城市也采用网络、电视、手机、微博等方式向公众发布基于新标准的空气质量信息。

二、国家区域环境空气质量监测网络

随着我国社会经济的快速发展以及工业化和城市化的高速推进，复合型空气污染问题日益突出。大气污染已经超越了单纯的点源局部性污染阶段，臭氧和细颗粒物等污染物会伴随气象条件进行长距离输送，造成跨省市、跨区域的大气污染现象，呈现快速蔓延性、污染综合性和影响区域性等复合型污染特征。为了解城市之间广大区域的空气质量、掌握污染物的区域传输特征，建立区域环境空气质量监测网络势在必行。

区域环境空气监测网络可扩大我国城市环境空气质量监测网络的覆盖面，突破原有的城市大气监测的局限，从而获得城市和区域等不同层面的大气污染状况。区域环境空气监测网络在“十一五”期间开始建设，环境保护部在各省、自治区和直辖市建立了31个具有代表性的区域（农村）环境空气自动监测站，初步形成了国家区域环境空气质量监测网，监测项目包括 SO_2、NO_2、PM_{10} 及气象五参数。在“十二五”得到进一步扩展。2011年5月11日，国务院办公厅转发了环境保护部、发展改革委、科技部等9个部门联合发布的《关于推进大气污染联防联控工作改善区域空气质量的指导意见》（以下简称《意见》），成为国内开展大气污染区域联防联控的综合性指导文件。《意见》指出，大气污染联防联控的重点污染物是二氧化硫、氮氧化物、颗粒物、挥发性有机物等，需解决的重点问题是酸雨、灰霾和光化学烟雾污染等，同时提出大气污染联防联控的工作目标，即到2015年，酸雨、灰霾和光化学烟雾污染明显减少，区域空气质量大幅改善。《意见》第七部分“完善区域空气质量监管体系”中明确指出要“加强重点区域空气质量监测”，即“提高空气质量监测能力，优化重点区域空气质量监测点位，开展酸雨、细颗粒物、臭氧监测和城市道路两侧空气质量监测，制定大气污染事故预报、预警和应急处理预案，完善环境信息发布制度，实现重点区域监测信息共享。到2011年年底前，初步建成重点区域空气质量监测网络”。

为落实《意见》中关于区域空气质量监测网络的建设要求，提升区域环境空气质量监测的业务能力，能够实现区域范围内的环境空气质量监测评价，并反映区域内及区域间大气污染物输送过程及相互影响，环境保护部先后印发《关于印发国家区域环境空气质量监测点位（第一批）设置方案的通知》（环办函〔2013〕721号）和《关于印发国家区域环境空气质量监测点位（第二批）设置方案的通知》（环办函〔2014〕65号），确定了65个区域站点位，建成了目前由92个环境空气监测站点组成的区域环境空气质量监测网络。

表 3-1 国家区域环境空气质量监测网络

序号	省（市、区）	站点数量/个	站点名称	序号	省（市、区）	站点数量/个	站点名称
1	北京市	1	北京密云水库	9	上海市	3	上海崇明岛、上海奉贤、上海青浦
2	天津市	4	天津里自沽、天津武清区高村镇、天津滨海新区太平镇、天津宁河	10	江苏省	4	江苏苏州西山、江苏盐城鹤乐园、江苏扬州宝应、江苏宿迁洪泽湖
3	河北省	4	河北邯郸石峰村、河北保定易县、河北张家口长城岭、河北衡水湖	11	浙江省	4	浙江湖州赋石水库、浙江湖州新塘港、浙江绍兴陈蔡、浙江龙泉凤阳山
4	山西省	2	山西晋中石匣、山西忻州五台山	12	安徽省	3	安徽蚌埠五河沱湖、安徽六安响洪甸水库、安徽宣城南漪湖
5	内蒙古自治区	2	内蒙古呼伦贝尔牙克石、内蒙古乌兰察布双古城	13	福建省	4	福建福州鼓岭、福建福州永泰、福建厦门溪东水库、福建三明大金湖
6	辽宁省	5	辽宁沈阳光辉、辽宁抚顺元帅林、辽宁营口雪帽山、辽宁辽阳汤河水库、辽宁葫芦岛绥中	14	江西省	2	江西上饶考水、江西抚州宜黄
7	吉林省	2	吉林长春莲花山、吉林白城西五	15	山东省	4	山东济南杏林、山东青岛鳌山、山东威海荣成、山东日照苇场
8	黑龙江省	2	黑龙江抚远黑瞎子岛、黑龙江五大连池清泉	16	河南省	3	河南济源坡头、河南濮阳南乐、河南周口黄泛

序号	省（市、区）	站点数量/个	站点名称	序号	省（市、区）	站点数量/个	站点名称
17	湖北省	4	湖北荆门温峡口、湖北荆州监利、湖北黄冈羊角尖、湖北随州新城	25	云南省	2	云南昆明梁王山、云南昆明石林
18	湖南省	4	湖南株洲大京、湖南岳阳汨罗、湖南张家界花溪峪、湖南怀化芷江	26	西藏自治区	1	西藏拉萨当杰
19	广东省	4	广东韶关中古坑、广东汕头南澳岛、广东肇庆三坑水库、广东阳江海陵岛	27	陕西省	4	陕西西安阎良、陕西咸阳乾县、陕西渭南大荔、陕西汉中华阳
20	广西壮族自治区	2	广西南宁武鸣、广西桂林东岭	28	甘肃省	2	甘肃兰州皋兰、甘肃平凉静宁
21	海南省	2	海南海口居仁、海南文昌铺前	29	青海省	2	青海海东南门峡、青海海南贵德
22	重庆市	4	重庆古佛山、重庆云门山、重庆大风堡、重庆北碚	30	宁夏回族自治区	2	宁夏吴忠良繁场、宁夏固原六盘山
23	四川省	4	四川德阳通山、四川内江新桥、四川眉山龚村、四川广安翠湖	31	新疆维吾尔自治区	4	新疆哈密光伏基地、新疆阜康三工河乡西台子、新疆那拉提、新疆乌苏待甫森
24	贵州省	2	贵州遵义金沙、贵州黔东南雷公山	总计		92	

三、国家环境空气背景监测网

环境空气背景监测是环境空气质量监测的重要组成部分，可以了解我国未受人类活动影响背景区域的空气质量和降水酸度状况，为我国各代表区域长期环境空气的变化趋势提供科学依据。我国的环境空气背景监测起步较晚，最早主要是科研院所为了科研项目而建立的大气野外科学观测研究站。“九五”末期，中国环境监测总站启动了环境空气背景监测站建设试点，1999 年在山东长岛建立了以常规基本参数（SO_2、NO_2 和颗粒物）为主的试验性背景监测站；2002 年在福建省武夷山国家级自然保护区摩天岭建成了环境空气背景监测站，开展 SO_2、NO_2、PM_{10} 等项目的监测。“十一五”之前，由于条件所限，国家环境空气背景站建设比较缓慢，在站点数量、区域分布、监测项目等方面还远远满足不了能够表征国家大气背景的需求。

“十一五”期间，我国在技术和经济上已经具备建设代表大尺度环境空气质量状况的国家环境空气背景监测站的能力，国家环境空气背景监测网建设得到快速发展，按照“统一设计、统一标准、统一建设、统一管理”原则，根据我国生态、气候、环流，即环境和自然区划分布的特点，综合考虑典型代表性（森林、草原、海洋、山地、高原）和均匀分布等整体监测网络需要，兼顾区域、大气、尺度、本底、生态等代表性和环境、区域稳定性及后勤保障的可操作性，提出了我国环境空气背景监测网络建设方案。2008 年，环境保护部通过中央财政主要污染物减排专项投资资金，完成了第一期 14 个国家背景环境空气监测站建设，统一配置了高精度常规六项监测设备。“十二五”期间，环境保护部继续依托中央财政主要污染物减排专项资金完成了第二期建设，新建了海南省 2 个背景站，并为第一期的背景站配备了温室气体、酸沉降黑炭等特征项目监测设备。截至目前，国家环境空气背景监测网共包括 16 个背景站，分布在内蒙古呼伦贝尔、吉林长白山、福建武夷山、山东长岛、山西庞泉沟、湖北神农架、湖南衡山、广东南岭、海南五指山、西沙、海南新建背景站、四川海螺沟、云南丽江、西藏纳木错、青海门源、新疆喀纳斯。

第二章　水环境监测网

我国的水环境质量监测始于 1973 年，经过 40 多年的发展，地表水环境质量监测网经历了不断优化调整的过程，断面点位设置逐渐增多，断面功能逐渐丰富，监测频次逐渐增加，监测指标逐渐完善，目前已形成了以地表水环境质量监测网、城镇集中式饮用水水源地水环境质量监测网以及近岸海域环境监测网为主的水环境监测网络。

一、地表水环境质量监测网络

我国的水质监测从 20 世纪 70 年代中期到 80 年代初期污水中的重金属监测起步，当时主要对企业排放的“三废”开展监测，其中对废水主要开展水五项（Hg、Cd、As、Cr、Pb）指标的分析测试。1988 年，国家环保局印发《关于发布〈国家环境监测网络方案〉的通知》(环监〔1988〕 第 235 号)，首次确定了由 108 个环境监测站组成的国家地表水环境监测网络，承担全国主要河流共 353 个断面和 26 座重点湖库的监测任务。受当时经济、能力条件的限制，国家网河流断面设置主要以城市为中心，设置了对照、控制及削减 3 种断面。监测指标为 pH 值、溶解氧、化学需氧量、五日生化需氧量、氨氮、亚硝酸盐氮、挥发性酚、氰化物、砷、汞、铅、镉和油，监测频次按丰、枯、平三个水期，每个水期监测 2 次。

1992 年，根据《全国环境监测“八五”计划和十年规划》(环监〔1992〕42 号）中有关调整、完善国家环境质量监测网的要求，对国控水质断面进行重新审核与认证，确认了国控网 135 个环境监测站和 313 个国控断面。监测指标为 pH 值、悬浮物、总硬度、溶解氧、高锰酸盐指数、生化需氧量、氨氮、亚硝酸盐、硝酸盐、挥发酚、总氰化物、总砷、总汞、总铅、总镉、石油类和电导率。针对 20 世纪 90 年代所面临的严峻的水污染形势，国家环保总局先后组建了淮河、海河、辽河、太湖、巢湖、滇池以及黄河、长江、珠江和松花江十大主要流域水环境监测网。自此，我国的水环境监测由最开始的针对一城一地的监测评价逐步转为流域的整体监测与评价。

2002 年，国家环境保护总局再次对国控网点进行调整，调整后的地表水环境监测断面，共监测 318 条河流、28 个湖（库）的 759 个国控断面，共 262 个环境监测站承担国控网点的监测任务。此次调整增加了省界、国界、入海口、支流汇入口、河流入出湖库口、背景及趋势断面，同时大量吸纳了各重点流域水污染防治专项规划中确定的污染控制断面。调整后的 759 个断面，除包含了淮河、海河、辽河、太湖、巢湖、滇池以及黄河、长江、珠江和松花江十大主要流域外，还涵盖了浙闽片流域、西南诸河和西北诸河等内陆河流，以及 28 个重要湖泊和大型水库。同时，国家开始投入资金实施地表水环境监测网的水质月监测计划，每月开展例行监测，河流断面的监测指标为水温、pH 值、电导率、溶解氧、高锰酸盐指数、五日生化需氧量、氨氮、石油类、挥发酚、汞、铅和流量共 12 项；湖（库）点位的监测指标为水温、pH 值、电导率、透明度、溶解氧、高锰酸盐指数、五日生化需氧量、氨氮、石油类、总氮、总磷、叶绿素 a、挥发酚、汞、铅和水位共 16 项。

2012 年，遵循连续性和代表性原则，进一步优化调整国控网的监测点位，此次调整范围包括：①我国主要水系的干流，年径流量在 5 亿 m^3 以上的重要一、二级支流，年径流量在 3 亿 m^3 以上的国界河流、省界河流、大型水利设施所在水体等，一般每 100 km 设置 1 个国控断面；②面积在 100km^2（或储水量在 10 亿 m^3 以上）的重要湖泊、库容在 10 亿 m^3 以上的重要水库及重要跨国界湖库等，每 50 ~ 100 km^2 设置 1 个监测点位；③北方地区年径流量或库容较小的重要河流（湖库）可酌情设置断面（点位）。断面类型包括背景断面、对照断面、控制断面、国界断面、省界断面、湖库点位和重要饮用水水源地断面（点位）。调整后的国家地表水环境质量监测网共设置国控断面（点位）972 个，监测 423 条河流的 766 个断面和 62 座湖（库）的 206 个点位，其中包括省界断面 150 个，涉及长江、黄河、珠江、松花江、淮河、海河、辽河、太湖、巢湖、滇池流域，以及西南诸河、西北诸河、浙闽片河流和重要湖库。监测频率为每月 1 次，监测指标为水温、pH 值、溶解氧、高锰酸盐指数、化学需氧量、五日生化需氧量、氨氮、总氮、总磷、铜、锌、氟化物、硒、砷、汞、镉、铬（六价）、铅、氰化物、挥发酚、石油类、阴离子表面活性剂、硫化物和粪大肠菌群，湖泊和水库为了评价营养状态加测叶绿素 a 和透明度。

2016 年，为了保障《水污染防治行动计划》中以改善水环境质量为核心总体要求的顺利实施，国家地表水环境质量监测网进行了进一步的优化、调整和扩充。以代表性、连续性和多功能性为基本原则，在原流域范围的基础上调整后，国控断面（点位）增加到 2 767 个，其中，评价、考核、排名断面 1 940 个，入海控制断面 195 个（其中 85 个同时为评价、考核、排名断面），趋势科研断面 717 个。新国控断面（点位）包括河流断面 2 424 个，湖库点位 343 个，共监测 1 366 条河流和 139 座湖库；设置跨界断面 956 个（其中一个断面既是国界断面又是省界断面），其中国界断面 93 个，省界断面 299 个，市界断面 408 个，县界断面 157 个。2017 年 10 月起，为了打破原有国控网水质断面属地化监测模式，提高监测数据质量，实现“国家考核，国家监测”目标，国控断面实施采测分离的运行模式。河流断面现场监测水温、pH 值、溶解氧和电导率，湖库点位增测透明度，入海控制断面增测盐度；河流断面实验室分析高锰酸盐指数、化学需氧量、五日生化需氧量、氨氮、总磷、总氮、铜、锌、氟化物、硒、砷、汞、镉、铬（六价）、铅、氰化物、挥发酚、石油类、阴离子表面活性剂和硫化物，湖库点位增测叶绿素 a，入海控制断面增测硝酸盐氮和亚硝酸盐氮。每月监测一次，并编制月报。

二、城镇集中式饮用水水源地水环境质量监测网络

水是生命之源，饮用水安全与人民群众的健康息息相关，党中央、国务院十分重视居民饮用水安全，2015 年在国务院发布的《水污染防治行动计划》中提出要确保“从水源到水龙头全过程监管饮用水安全”。

我国饮用水水源地水质监测起始于 21 世纪初，经过近 20 年的发展，监测范围逐渐扩大，覆盖服务人口逐渐增加，监测与评价体系日趋完善，已形成对全国县级及以上城镇全覆盖的监测网络，为保障居民饮水安全提供了有力的技术支撑。2000 年底，国务院有关文件要求对 20 万人口以上城市逐渐建立供水水源地水质旬报制度，并在北京、上海等 47 个环保重点城市开始内部试报集中式生活饮用水水源水质月报。2002 年底，国家环保总局发布城市集中式生活饮用水水源地水质监测方案，47 个环保重点城市的饮用水水源地水质月报制度正式建立实施。2005 年初，集中式饮用水水源地水质监测范围扩大至全国 113 个环保重点城市。2012 年底进一步扩展至全国 31 个省（自治区、直辖市）辖区内的 338 个地级及以上城市、全国 2 856 个县级行政单位所在城镇的所有在用水源地。至此，已形成对我国县级以上城镇全覆盖的集中式饮用水水源地水质监测网络。

随着饮用水水源地监测网络的发展，水质监测评价体系也在不断完善。2002 年国家环保总局发布的饮用水水源地水质监测方案规范了布点原则、采样时间、监测项目和频次、采样分析方法、评价方法和发布方式等。监测与评价执行《地表水环境质量标准》（GB 3838—2002）和《地下水质量标准》（GB/T 14848—1993），按必测和选测指标进行划分。同时根据各地监测站的实际监测能力和污染物的普遍检出频次及污染状况，确定地表水水源地共监测 28 项，其中 10 项必测、18 项选测；地下水水源地共监测 23 项，其中 8 项必测、15 项选测。评价方法采用单因子评价法，以Ⅲ类水质标准为依据。2008 年，对 113 个环保重点城市每月地表水水源地监测项目调整为《地表水环境质量标准》中的基本项目、补充项目和特定项目中 1 ~ 35 项，合计 63 项，同时每年至少进行一次地表水水源 109 项、地下水水源 39 项的水质全分析。2013 年，环保部对饮用水水源地水质监测方案进行调整，增加了对县级城镇饮用水水源地开展常规监测和全分析的监测

项目和频次等规定，并对地表水水源地特定项目的监测有所调整，对80项指标进行优化，筛选出能够较为全面、准确和客观地反映饮用水水源地水质状况的优选33项指标进行常规监测。此外，水源地水质评价参照执行2011年发布的《地表水环境质量评价办法（试行）》，《评价办法》中去除了关于总氮和粪大肠菌两项评价内容。

经过20年的发展，我国饮用水水源的监测与评价体系逐步完善，监测网络逐级扩展至全国县级及以上城镇，为水源环境管理提供坚实有力的支撑。

三、近岸海域环境监测网络

环保部门的海洋环境监测始于1981—1983年的沿海地区海岸带资源综合调查，当时大部分沿海地区环境保护监测部门参加了此次调查，自此逐渐形成监测能力，并开始对各自行政管辖海域进行环境监测。1985年和1987年，广西壮族自治区北海海洋环境监测站和浙江省舟山海洋生态环境监测站两个专业性海洋环境监测站分别建立，1992年开始正式开展浙江省暨舟山渔场近岸海域生态环境监测。

1990年，按照国家环境保护局《关于开展全国近岸海域环境功能区划工作的通知》（环管字〔90〕第044号）的要求，于次年开展全国近岸海域环境功能区划工作，为近岸海域环境管理提供技术依据。1994年，国家环境保护局组建了全国近岸海域环境监测网（以下简称近海网），由中国环境监测总站和沿海地区环境监测部门组成，共有65个成员单位，其中浙江省舟山海洋生态环境监测站为网络中心站。1997年，国家环保局为浙江省舟山海洋生态环境监测站挂牌"国家环境保护局近岸海域环境监测网中心站"。

2002年5月，"国家环境保护局近岸海域环境监测网中心站"被国家环境保护总局调整为中国环境监测总站近岸海域环境监测中心站，同时国家环境保护总局还设立了中国环境监测总站渤海近岸海域环境监测西站、渤海近岸海域环境监测东站、黄海近岸海域环境监测分站、东海近岸海域环境监测分站、台湾海峡近岸海域环境监测分站、南海近岸海域环境监测东站、南海近岸海域环境监测西站等七个分站，各分站分别依托天津市环境监测中心、大连市环境监测中心、青岛市环境监测站、浙江省舟山海洋生态环境监测站、厦门市环境监测中心站、深圳市环境监测中心站和广西北海海洋环境监测中心站，对全国的近岸海域环境监测工作实行分片管理。

2003年，近海网完成了国家近岸海域环境监测点位布设，全国共布设301个国控监测点位，监测范围覆盖全国陆地近岸海域范围，实现了由沿岸污染监测向近岸环境质量监测的转变。

2004年，近海网进行了进一步调整和充实，成员单位增加到74个。随着福建省近岸海域环境监测站成立，目前成员单位达到77个。

2016年，近海网的国控监测点位进行了调整，由301个增加至目前的419个，在保证点位延续的情况下对城镇岸线和重要河口海湾点位进行了加密，监测范围增加三沙近岸海域。自此，近海网建立了包括419个近岸海域国控点位、195个入海河流国控断面、400余个污水日排放量大于100m^{3}的直排海污染源以及27个海水浴场的监测网络；同时，监测内容也在不断扩展，由单一水质监测向包括水质、沉积物、生物、生物体质量和近岸栖息地等要素在内的生态监测发展。

目前，近海网的监测采用“集中监测、异地质控、数据直报”组织方式，由“全国近岸海域监测网”中心站、分站及重点站实施监测，中国环境监测总站组织近岸海域环境监测质量外控组对监测工作实施全程序外控，监测数据由监测单位直报总站，全面提升近岸海域环境监测数据质量。

近15年来，近海网技术体系也在逐步完善，相继制定了《数据信息传输规定》《沿海城市海水浴场水质监测方案》《近岸海域环境质量监测实施方案》《沿海地区直排入海污染源调查实施方案》《全国近岸海域环境监测网质量保证和质量控制工作规定》《近岸海域环境监测技术规范》（HJ 442）、《近岸海域环境监测点位布设技术规范》（HJ 730）、《近岸海域水质自动监测技术规范》(HJ 731)、《近岸海域生态环境质量评价技术导则》等技术规范。同时，还组织举办了“赤潮监测技术培训”“海洋生物监测技术培训”“实验室互校”等一系列技术培训和交流活动，较好地提高了整体监测水平。

此外，国家环境保护局于1996年组织“近海网”开展了“全国沿海地区污染源调查”，首次对我国沿海地区的入海污染源进行了全面系统的调查。本次调查由全国11个沿海省（市、区）的44个地级市56个“近海网”成员单位共同参与，同时也得到了交通部、农业部、中国海洋石油总公司、中国海洋石油天然气总公司、解放军环办和海洋局等部门的支持。调查范围从北方的鸭绿江口到广西的北仑河口。调查内容涉及海洋化学、海洋生物、海洋水文、海洋地质等专业，还对入海河流、污染源进行了调查监测，通过这次大规模的调查行动，不仅获得了我国近岸海域环境质量方面较为全面、浩大的数据与科学资料，也为评价分析与管理近岸海域环境质量和加强海域及沿岸环境污染综合防治与管理提供了基础资料。同时也在我国沿海地区扩大了海洋环境保护宣传的影响力，提高了公众对海洋环保的关注，加强了沿海地区环保行政主管部门对海洋环保工作的统一监督管理能力，增强了“近海网”各成员单位的整体监测能力。

第三章 土壤环境监测网

环保部门的土壤环境质量监测从土壤环境专项调查起步，国家在“七五”和“十一五”期间组织开展了 2 次全国性土壤环境调查，即全国土壤环境背景站调查和全国土壤污染状况专项调查。“十二五”期间，监测总站牵头开展了全国土壤环境质量试点监测，探索建立全国性、业务化的土壤环境质量例行监测体系，2014 年正式启动国家土壤环境质量监测网络建设工作。目前，已基本建成了覆盖全国所有县域、不同类型监测点位组成的将近 40 000 个点位的国家土壤环境监测网。随着“十三五”国家土壤污染状况详细调查专项任务的完成，土壤环境质量监测网还会优化调整。

一、全国土壤环境专项调查

我国最早的土壤环境调查始于 1986—1990 年的全国土壤环境背景值调查，该项调查由监测总站、北京大学、中国科学院沈阳应用生态研究所共同主持，属于“七五”国家重点科技攻关项目，参加单位有 40 个省市环境监测中心站和环保所、10 所高等院校、11 家中国科学院有关研究所以及农牧渔业部环保所等，共计 600 余名科技人员参加了采样、实验室分析及数据处理，监测总站魏复盛院士为课题第一主持人。该调查提出了全国主要土类的环境背景值，编著出版了《中国土壤元素背景值》。该背景值以 4 000 余个典型土壤剖面上测得的 13 个无机元素 (As、Cd、Cr、Cu、Co、F、Hg、Mn、Ni、Pb、Se、V、Zn)，以及从 800 余个主剖面上加测 48 个元素的数据，经统计处理编辑而成。它的公开出版对于我国环保事业发展和基础科学研究意义重大。该成果 1993 年获国家环保局科技进步一等奖，1996 年获国家科技进步二等奖。

全国第二次大型土壤环境调查是在 2005—2013 年开展的全国土壤污染状况专项调查，该项调查由环境保护部和国土资源部共同组织实施，监测总站承担其中全国土壤环境质量调查与评价专题。该调查范围为中华人民共和国境内（未含香港特别行政区、澳门特别行政区和台湾地区）的陆地国土，调查点位覆盖全部耕地，部分林地、草地、未利用地和建设用地，实际调查面积约 630 万 km^2，采集土壤样品 40 000 多个，评价了 13

种重金属 (As、Cd、Cr、Cu、Co、F、Hg、Mn、Ni、Pb、Se、V、Zn) 和三种有机污染物（六六六、DDT 和多环芳烃），调查采用统一的方法和标准，通过调查基本掌握了全国土壤环境质量的总体状况。2014 年 4 月 17 日环保部联合国土资源部公布了《全国土壤污染状况调查公报》。总体情况：全国土壤环境状况总体不容乐观，部分地区土壤污染较重，耕地土壤环境质量堪忧，工矿业废弃地土壤环境问题突出。工矿业、农业等人为活动以及土壤环境背景值高是造成土壤污染或超标的主要原因。全国土壤总超标率为 16.1%，其中轻微、轻度、中度和重度污染点位比例分别为 11.2%、2.3%、1.5% 和 1.1%。污染类型以无机型为主，有机型次之，复合型污染比重较小，无机污染物超标点位数占全部超标点位的 82.8%。从污染分布情况看，南方土壤污染重于北方；长江三角洲、珠江三角洲、东北老工业基地等部分区域土壤污染问题较为突出，西南、中南地区土壤重金属超标范围较大；镉、汞、砷、铅 4 种无机污染物含量分布呈现从西北到东南、从东北到西南方向逐渐升高的态势。

全国第三次大型土壤环境调查是 2017 年 7 月启动的全国土壤污染状况详查，该次调查由环境保护部、国土资源部、农业部以及国家卫生和计划生育委员会共同组织实施，计划 2020 年结束。监测总站承担主要技术规定编制、技术指导和质控管理等技术支撑工作。项目总体目标是全面、系统、准确地掌握全国土壤环境质量总体状况，查明我国重点地区土壤污染状况及其成因，扩大了解我国土壤背景点环境质量状况，评估土壤污染风险，确定土壤环境安全级别，筛选污染土壤修复技术，构建适合我国国情的土壤污染防治法律法规及标准体系，提升土壤环境监管能力。项目调查范围涵盖除香港、澳门特别行政区和台湾地区以外的全部陆地国土。项目主要内容是在全国范围内系统开展土壤现状调查，分析重金属、有机污染物等项目，结合土壤类型评价土壤环境质量状况，掌握全国土壤环境质量总体状况，阐明区域土壤污染的特征，建立全国土壤环境质量数据库和土壤样品库，绘制全国土壤环境质量图集。

二、土壤环境质量监测网络

为探索建立土壤环境质量监测业务体系，2011 年监测总站在两次全国土壤环境状况调查专项工作的基础上，启动了国家土壤环境质量例行监测试点工作。2011—2015 年每年针对不同类型土壤开展试点监测，探索监测技术路线，其中 2011 年监测重点是企业周边土壤、2012 年是基本农田区土壤、2013 年是蔬菜基地土壤、2014 年是集中式饮用水水源地周边土壤、2015 年是省会城市绿地和规模化畜禽养殖场周边土壤等区域，五年共监测 21 139 个点位，监测项目包括 3 项理化性质、14 项重金属、6 项有机污染物，获得监测数据近 40 万个，编制了五类土壤的环境质量现状的监测与评价报告。

2014 年，环境保护部印发《关于开展国家土壤环境质量监测国控点位布设工作的通知》，同时印发《土壤环境质量监测国控点布设方法》（环办函〔2014〕1643号），正式启动国家土壤环境质量监测网建设工作。

2016年，国务院印发《土壤污染防治行动计划》（即“土十条”），要求建成我国国家土壤环境质量监测网络，完成土壤环境质量国控监测点位设置，2020年底前，实现土壤环境质量监测点位所有县（市、区）全覆盖，基本形成土壤环境监测能力。为落实“土十条”，2017年环保部印发了《“十三五”土壤环境监测总体方案》（环办监测函〔2017〕1943号），确立了“十三五”全国土壤环境监测工作目标，要求到2017年底前，完成国家土壤环境监测网监测点位设置，基本建成国家土壤环境监测网。目前，国家土壤环境质量监测网已经初步建立，包括各类监测点位38 880个，其中：以评价土壤环境背景为目标的背景点2 481个；以评价农用地土壤环境总体状况为目标的基础点位20 006个；以重点行业企业的土壤环境风险管控为目标的监控点位16 393个。2015—2018年已经连续开展国家网土壤例行监测4年，完成了近3万个点位的监测和分析评价。2020年底前，将建立土壤环境监测基础数据库，构建土壤环境监测信息管理系统。

土壤环境监测经过近10年的建设，全国环境监测系统土壤监测能力得到长足发展。目前全国32个省级环境监测站在实验室分析仪器方面，已经配备有原子吸收分光光度计、电感耦合等离子体质谱/发射光谱仪、气相色谱/质谱仪、液相色谱/串联质谱仪、气相色谱仪、高效液相色谱和离子色谱仪等大中型仪器设备，同时在地市级环境监测站均配有基本的土壤监测设备；全国环保系统能够从事土壤环境监测的人员约有4 000人；国家和各省、自治区、直辖市均分别建有土壤样品库。

2017年起，监测总站在全国启动建设了六个国家级土壤样品制备与流转中心（以下简称“制样中心”），以提高国家土壤环境监测样品制备能力，形成标准化土壤样品制备实验室，并逐步建立集制样、流转和质量控制等多项功能为一体的管理机制，为国家网土壤环境监测提供技术支撑。按照环境保护部2017年《关于按区域开展国家土壤样品制备与流转工作的通知》（环办监测函〔2017〕1678号）要求，六个制样中心分别依托北京市环境保护监测中心、辽宁省环境监测实验中心、江苏省环境监测中心、广东省环境监测中心、四川省环境监测总站和陕西省环境监测中心站。按照项目建设方案，每个制样中心将建成样品暂存区、流转区、风干区、制备区和视频监控区等主要功能区，包括制样工位通风除尘系统、球磨机、样品存放台架、智能密集柜、样品干燥箱、冷冻干燥机、冷藏箱、筛分仪、混匀仪、便携式X射线荧光光谱仪、激光与动态图像粒度仪等在内的共37类1 100余台（套）仪器设备设施均由国家统一采购配备。

第四章　生物 / 生态监测网

环保系统生态监测业务化工作起步于21世纪初，以“十五”期间中国环境监测总站组织开展的全国生态状况遥感调查为基础，探索建立生态监测业务技术体系；从“十一五”开始，初步建立了全国生态监测网，采取以遥感监测为主、地面核查为辅的技术手段，每年开展全国生态状况监测评价。“十二五”期间，又陆续启动了生态地面监测和水生生物试点监测，在典型陆地生态系统和重点流域开展生物群落与环境要素连续监测，不断完善国家生物 / 生态监测网络的监测内容。

一、网络建设历程

监测总站在“九五”期间就开始了生态监测方面的探索。监测总站和部分省站、地市站开展了生物监测，同时也开展遥感技术在生态监测中的应用研究，并在安徽、秦皇岛等地试点生态遥感监测，基本确立了以遥感监测为主、地面监测为辅的生态监测技术路线。“十五”期间，监测总站成立生态室，同时积极参加首次全国生态环境遥感调查工作，积累了生态本底数据，为开展例行工作奠定了基础。同时，积极开展生态环境监测评价方法的研究工作，并制定了我国第一个生态环境评价标准《生态环境状况评价技术规范（试行）》（HJ/T 192—2006）。“十一五”期间，采取以遥感为主、地面核查为辅的技术手段，开展了全国生态环境监测业务，并成为国家环境监测网业务之一，同时也带动各省级环境监测站形成生态遥感监测能力。每年利用国内外中高分辨率多源卫星遥感影像获取我国陆地范围林地、草地、水域、耕地、建设用地等6大类26小类生态类型数据，结合环境质量、污染物排放、水土侵蚀、水资源等环境监测与统计调查数据，综合评价不同行政区域生态质量状况及动态变化，空间范围覆盖县域、省域、生态区及全国多个尺度。积累了我国多年遥感影像数据库、土地利用和覆盖数据库、主要生态类型变化数据库等大量基础数据。生态环境监测网的业务化运行促进了各省生态环境监测机构从无到有，技术人员队伍不断壮大，形成了一支以中青年为骨干，具备生态环境遥感监测、生物监测、生物多样性调查和生态环境综合分析评价等综合技术能力的生态监测队伍。

“十二五”期间，为了弥补生态遥感技术在生态监测方面的不足，监测总站重点加强了生态地面监测以及水生生物监测，在典型陆地生态系统和重点流域开展生物群落与环境要素连续监测，不断完善国家生物 / 生态监测网络的监测内容。2011 年在全国选择 6 个省份启动生态环境地面试点监测工作，2012 年试点省份增至 10 个。自 2012 年起，监测总站联合各相关省环境监测站每年编制《生态环境地面监测报告》。2013 年 2 月，监测总站向 10 个省级环境监测站印发了《关于建立中国环境监测总站生态地面监测重点站的通知》（总站生字〔2013〕27 号），并为各站加挂了“中国环境监测总站生态地面监测重点站”的牌子，明确了重点站承担单位的主要任务和网络职责，全面开启重点站建设。在开展生态环境地面监测工作和重点站建设的同时，也同步开展了监测与评价方法的研究工作。2014 年正式印发《湿地生态环境健康评价方法（暂行）》（总站生字〔2014〕130 号），作为生态环境地面监测工作的指导性文件之一。2014 年，为进一步完善生态环境地面监测网络体系，按照《中国环境监测总站生态地面监测重点站第一期建设实施方案》提出的“填平补齐，系统完善”的原则，监测总站将城市生态系统纳入监测范围，由深圳市环境监测中心站负责城市生态系统试点监测工作，并于 2015 年正式建立“中国环境监测总站城市生态系统地面定位监测站（深圳）”（总站生字〔2015〕129 号）。2016 年，生态地面监测范围进一步扩展，新增河北、辽宁、广西和甘肃 4 个生态地面监测省份，同时，广东省新增了雷州半岛红树林湿地生态系统地面监测。2017 年又新增安徽省巢湖湿地生态系统和黄山森林生态系统地面监测。至此，生态地面监测已覆盖 16 个省份，并涵盖了森林、草地、湿地、荒漠、城市等生态系统。

在水生生物监测方面，2012 年，监测总站联合黑龙江、吉林和内蒙古三省（自治区）的 14 个环境监测站开展了松花江流域水生生物试点监测工作，对松花江流域 16 条河流（包括黑龙江、乌苏里江等界河）和 7 个湖库共 47 个断面 17 个点位开展了水生生物监测，其中 2012 年监测 37 个河流断面和 17 个湖库点位；2013 年和 2014 年增加了相关监测站的自选断面及背景断面，2013 年河流断面增加至 46 个，2014 年增加至 47 个，而湖库点位均保持 17 个。同时，监测总站在辽河流域、南水北调中线丹江口水库以及太湖、滇池、巢湖等重点流域和湖泊联合 14 个省、市级环境监测站也同期开展了水生生物试点监测。从 2015 年起，松花江流域水生生物监测工作由试点转为例行监测，2018 年起，监测总站联合松花江流域、辽河流域、太湖流域等重点流域环境监测站开展水生生物监测，进一步扩大了水生生物监测范围。

二、生态监测成效

通过近20年的发展，生物/生态监测业务取得了长足进步，初步形成了国家生物/生态监测网络，建立了基于遥感和定位观测的生态环境监测指标体系，建成了生态监测数据产品生产规范体系，建立了多尺度、多类型、多单元的国家生态环境质量评价体系；制定了国内首个生态环境质量评价指标——《生态环境状况评价技术规范（试行）》（HJ/T 192—2006），并于2015年修订后成为正式的行业标准——《生态环境状况评价技术规范》（HJ/T 192—2015）；建成了从20世纪80年代到现在的全国多源遥感数据、社会经济统计数据、环境监测数据等的国家生态环境数据库，形成了长序列分析国家生态环境演变的能力；创立了开放的生态环境评价平台，聚合了多部门生态环境研究成果，支撑完成的《全国生态环境质量报告》是我国环境保护主管部门的第一份生态环境质量报告，实现了全国、省域、县域、区域生态环境状况及变化趋势的系统评价，实现了生态环境质量的时空对比分析，反映了我国生态环境状况和变化趋势，开拓了我国环境保护领域在生态环境方面的新阵地。相关成果先后获得环境保护科技奖二等奖、三等奖以及中国地理信息科技进步奖二等奖等荣誉，得到了社会各界的肯定。

每年编制的《全国生态环境质量报告》，为全面掌握我国国家、省域、县域生态环境状况和变化趋势提供了系统、可靠的信息，对说清区域环境质量状况及变化趋势、提升生态环境管理水平具有非常重要的意义，也为我国生态省（市、县）建设规划、国家中长期环境战略规划、重点区域环境保护与经济统筹发展战略、省域和城市环境保护规划提供了重要支撑。

第五章 声环境监测网

经过近 40 年的发展，我国基本建成了由全国功能区声环境质量监测网络、全国城市区域声环境质量监测网络和全国城市道路交通噪声监测网络三部分构成的国家声环境监测网络；建立了以中国环境监测总站和各省级环境监测站为技术和数据中心，以市级环境监测站为监测主体，以县级环境监测站为补充的声环境监测网络组织体系。

我国声环境监测网络主要开展声环境质量监测和噪声源监测，监测网络包括全国功能区声环境质量监测网络、全国城市区域声环境质量监测网络和全国城市道路交通噪声监测网络。其中功能区声环境质量监测主要是评价声环境功能区监测点位的昼间和夜间达标情况，反映城市各类功能区监测点位的声环境质量随时间的变化状况；区域声环境质量监测的目的是评价整个城市环境噪声总体水平，分析城市声环境状况的年度变化规律和变化趋势；道路交通噪声监测的目的是反映道路交通噪声源的噪声强度。

我国的声环境监测始于 20 世纪 70 年代末。1976 年，有关省级环保部门与中国科学院声学研究所合作，对北京、天津、哈尔滨、杭州、南京、武汉、重庆和广州等 8 个城市开展了交通噪声调查，开启了环境噪声监测的序幕。1979 年，国务院环境保护领导小组办公室在湖南衡阳举办了环境保护系统第一次噪声监测与控制培训班，为环境保护系统培养了第一批噪声监测人员。1980 年开始，声环境监测正式纳入全国环境监测的常规监测项目，全国有 40 多个城市开展了城市道路交通噪声、区域声环境质量的监测工作。为了规范声环境监测和评价方法，1982 年我国制定了《城市区域环境噪声标准》（GB 3096—82）和《城市环境噪声测量方法》（GB 3222—82）。1986 年，由国家环境保护局发起，中国环境监测总站组织有关部门制定了我国第一部《环境监测技术规范（噪声部分）》，规定了噪声监测项目、时段、频率、数据处理方法、数据报告程序等，从此我国声环境监测工作正式纳入每年开展的例行监测范畴。同年，国家环境保护局还建立了以国家环境保护重点城市为主，包括省会城市、沿海开放城市、风景旅游城市和历史文化名城共 52 个城市的全国环境噪声监测网络。从“七五”开始，我国绝大多数城市每年均进行道路交通噪声、功能区噪声和区域环境噪声监测，上海、天津等少数城市还开展了高空噪声监测。

30 多年来，随着环境保护工作的不断发展，全国声环境监测网不断完善。截至 2017 年，全国功能区声环境质量监测网络由 311 个地级及以上城市组成，监测点位 2 731 个；全国城市区域声环境质量监测网络由 323 个地级及以上城市组成，监测点位 55 823 个，覆盖城市区域面积 28 028km^2；全国道路交通噪声监测网络由 324 个地级及以上城市组成，监测点位有 21 115 个，监测道路长度 35 813.8km。全国功能区声环境质量监测每年开展 4 次，每季度 1 次，每次连续监测 24 小时；全国城市区域声环境质量监测和全国道路交通噪声监测每年开展 1 次昼间监测，每五年开展 1 次夜间监测。声环境质量监测逐步向自动监测过渡，20 世纪 80 年代，声环境质量监测全部采用手工监测设备，目前部分城市试点采用自动监测设备开展监测，截至 2017 年底，全国 26 个省（自治区、直辖市）建设了 2 062 个环境噪声自动监测站点，其中包括声环境质量常规监测站点 447 个，道路交通噪声监测站点 190 个。

声环境监测为生态环境管理与社会服务提供了大量翔实的基础数据，做出了重要的技术支撑，监测结果纳入《中国环境状况公报》《中国环境质量报告书》《中国噪声污染防治年报》《全国城市声环境质量报告》《城市功能区声环境质量季报》等国家级报告书，反映每年度各城市声环境质量总体均值，并应用于城市考核和排名，督促声环境质量整体改善。

第六章 卫星环境监测网

卫星遥感是建设天—空—地一体化生态环境监测网络的重要组成部分。2015 年 7 月国务院办公厅印发《生态环境监测网络建设方案》(国办发〔2015〕56 号),提出要“建立天地一体化的环境遥感监测系统,研制、发射系列化的大气环境监测卫星和环境卫星后续星并组网运行”。20 世纪末,为提高我国生态环境监测能力和水平,国家环保局与国防科工委探讨建立我国独立的环境卫星系统。2008 年以来,我国先后发射了环境一号 A、B、C 三颗卫星并组网运行。2015 年 5 月,国务院印发《国家民用空间基础设施中长期发展规划(2015—2025 年)》(国办发〔2015〕39 号)(以下简称《空基规划》),环保部作为牵头用户发射卫星共 12 颗。2018 年以生态环境为主用户的高分五号卫星成功发射,后续还将发射 8 颗环境卫星和 3 颗大气环境监测卫星,环境卫星监测网络建设稳步推进。

一、环境与灾害监测预报小卫星星座

环境与灾害监测预报小卫星星座(简称“环境一号卫星”,代号“HJ-1”)是由 2 颗光学小卫星(HJ-1A/B)和 1 颗合成孔径雷达小卫星(HJ-1C)组成的“2 + 1”星座,其中 HJ-1 A/B 于 2008 年 9 月 6 日 11 时 25 分在太原卫星发射中心成功发射,HJ-1C 于 2012 年 11 月 19 日 6 时 53 分在太原卫星发射中心成功发射。卫星组网运行后具备 2 ~ 3 天对全国覆盖一次的遥感监测能力。环境一号卫星配置了宽覆盖 CCD 相机、红外多光谱扫描仪、高光谱成像仪、合成孔径雷达等四种传感器,形成具有中高空间分辨率、高时间分辨率、高光谱分辨率和宽覆盖的遥感对地观测体系,可初步实现

图 3–2 环境一号 A、B 星成功发射(2008 年 9 月)

图 3–3　环境一号 C 星成功发射（2012 年 11 月）

对生态环境与灾害的大范围、全天候、全天时的动态监测能力。

二、环境监测后续卫星

2015 年 5 月，国务院办公厅印发了《空基规划》，计划陆续研发 60 多颗遥感卫星，与环保部密切相关的卫星 26 颗，其中环保部作为牵头用户的卫星共 12 颗，作为主用户参与的卫星共 14 颗。

按照《空基规划》实施进度，“十三五”期间，环保部牵头或联合牵头的卫星计划发射 8 颗，包括 4 颗环境一号卫星后续星系列（2 颗 16m 光学卫星、2 颗 5m 雷达卫星）和 4 颗大气环境监测卫星系列（高分五号卫星、高光谱观测卫星、大气环境监测卫星、高精度温室气体综合探测卫星）；“十四五”期间，民政部和生态环境部将联合牵头发射 4 颗环境一号卫星后续星系列，包括 2 颗 16m 光学卫星、2 颗 5m 雷达卫星。

（一）环境一号卫星后续星

根据《空基规划》，国家将在“十三五”期间发射 2 颗 16m 光学卫星和 2 颗 5m 雷达卫星，另外 2 颗 16m 光学卫星和 2 颗 5m 雷达卫星将在“十四五”期间立项并发射。

1. 16m 光学卫星。2 颗 16m 光学卫星定位为 HJ-1A/B 卫星的后续星，于 2016 年 6 月获国家发展改革委批复立项，由环境保护部和民政部联合牵头，预计 2019 年发射，届时将替代现有在轨且超期服役运行的HJ-1A/B星。

2颗16m光学卫星为太阳同步轨道卫星，轨道高度645km，卫星搭载16mCCD宽幅相机、红外相机、高光谱相机和大气校正仪4种有效载荷。16m光学卫星与环境一号A/B星相比在技术性能上进行了优化升级，如CCD相机空间分辨率由30m提升至16m，红外相机空间分辨率由150m提升至48m，高光谱相机间分辨率由100m提升至48m，同时新增了用于增强卫星大气校正能力的大气校正仪。

2．5m雷达卫星。2颗5m雷达卫星于2017年12月获国家发展改革委批复立项，由环保部和民政部联合牵头研制，发射后将替代现有在轨运行的HJ-1C星。

卫星设计为太阳同步晨昏轨道，轨道高度约500km，双星星下点重访周期15.5天。每颗卫星装载一套集中式S波段合成孔径雷达（SAR），采用多极化方式（垂直发射—垂直接收VV、垂直发射—水平接收VH或水平发射—水平接收HH、水平发射—垂直接收HV），条带模式下几何分辨率3～5m/幅宽35～42km，扫描模式下几何分辨率15～25m/幅宽95～110km。

（二）大气环境监测卫星

4颗大气环境监测卫星包括高分五号卫星、大气环境监测卫星、高光谱观测卫星、高精度温室气体综合探测卫星。

1．高分五号卫星。高分五号卫星是高分辨率对地观测系统重大专项7颗民用卫星中唯一的1颗高光谱卫星，2012年12月获国防科工局批复立项，于2018年5月9日在太原卫星发射基地成功发射。高分五号卫星是世界首颗实现对大气和陆地综合观测的全谱高光谱卫星，也是目前我国光谱分辨率最高的光学遥感卫星。

生态环境部是高分五号卫星的牵头用户，自然资源部、中国气象局为卫星的主用户，卫星设计为太阳同步轨道卫星，轨道高度约705km，携带包括可见短波红外高光谱相机（空间分辨率30m，光谱分辨率5～10nm）、全谱段光谱成像探测仪（空间分辨率20～40m）、痕量气体差分吸收光谱仪（光谱分辨率0.3nm）、大气主要温室气体探测仪（光谱分辨率0.27波束）、大气气溶胶多角度偏振探测仪和大气环境红外甚高分辨率探测仪共6个传感器。

高分五号卫星主要用于探测大气污染气体（二氧化硫、二氧化氮等）、温室气体（二氧化碳、甲烷等）、气溶胶光学厚度等大气环境参数，同时兼顾高精度探测水体叶绿素、悬浮物、溶解性有机物等水环境参数，高精度反演植被覆盖、地表温度、土壤蒸散等生态参数。

2．大气环境监测卫星。该卫星于2017年8月获国防科工局正式批复，为太阳同步轨道卫星，轨道高度约705km，计划搭载大气探测激光雷达、高精度偏振扫描仪、多角

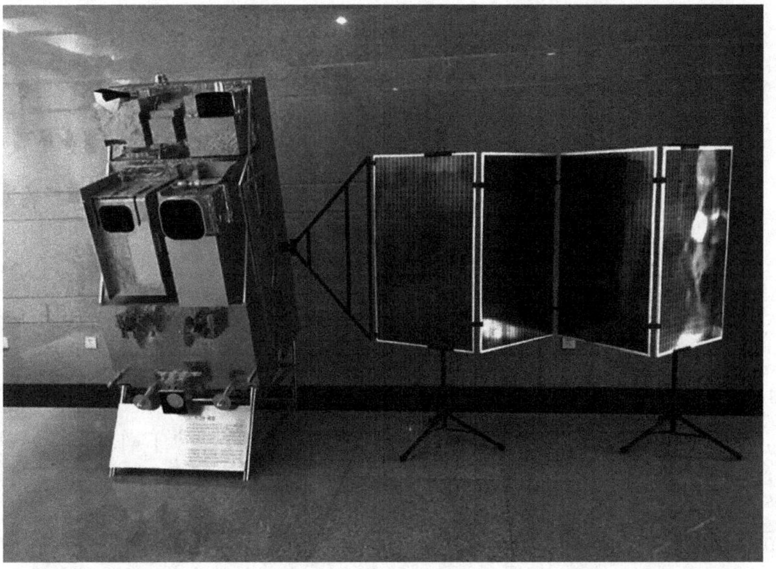

图 3-4　高分五号星模型

度偏振成像仪、紫外高光谱大气成分探测仪及宽幅成像光谱仪等 5 个有效载荷。通过主被动手段结合、与高分五号卫星组网，实现对大气细颗粒物（如 $PM_{2.5}$）、污染气体（如 NO_2、SO_2）、温室气体（如 CO_2、CH_4）、云、气溶胶等大气环境要素的大范围、快速、动态监测，同时适当兼顾水环境和生态环境监测。

3. 高光谱观测卫星。高光谱观测卫星于 2017 年 12 月获国家发展改革委批复立项，设计为太阳同步轨道，轨道高度约 705km，按规划于“十三五”期间发射。高光谱观测卫星将充分继承高分五号卫星的技术，计划搭载大气痕量气体探测仪、温室气体探测仪、多角度偏振成像仪、高精度偏振扫描仪、可见短波红外高光谱相机、全谱段光谱成像仪、吸收性气溶胶监测仪 7 个载荷。与高分五号卫星相比，新增 2 个有效载荷（包括一个专门针对大气细颗粒物探测的高精度偏振扫描仪，以及一个针对有云或地表亮背景下灰霾及沙尘监测的吸收性气溶胶监测仪）。

4. 高精度温室气体综合探测卫星。该卫星计划在“十三五”末发射，发射后与大气环境监测卫星实现上下午组网观测能够大幅度提升我国大气环境遥感监测能力。

卫星采用太阳同步轨道，轨道降交点 10:30，搭载大气探测激光雷达、宽幅高光谱温室气体探测仪、高分辨率污染气体监测仪、宽幅偏振成像仪、N_2O 高光谱探测仪。该卫星载荷配置围绕大气环境污染监测和温室气体探测需求，通过主被动结合、多手段融合实现高精度探测。组网完整的大气成分探测卫星星座的综合观测能力主要具有高精度大气细颗粒物（$PM_{2.5}$）监测能力、高精度温室气体监测能力、高精度污染气体监测能力、云和气溶胶垂直探测能力以及地表环境中分辨率成像观测能力。

专栏

一、农村环境质量监测网络

自“十五”开始，农村环境污染问题逐渐得到党中央、国务院的重视。2007 年，《国务院办公厅转发环保总局等部门关于加强农村环境保护工作意见的通知》（国办发〔2007〕63 号）明确提出，“加强农村环境监测和监管。建立和完善农村环境监测体系，定期公布全国和区域农村环境状况。加强农村饮用水水源地、自然保护区和基本农田等重点区域的环境监测”。2008 年起，中央财政实施农村环境“以奖促治”项目，推动农村环境综合整治。

2009 年，环境保护部印发《全国农村环境监测工作指导意见》，提出“十二五”期间初步建立农村环境质量监测技术体系、网络体系和预警体系，逐步摸清农村污染源、环境质量状况，掌握潜在的环境风险，发布农村环境质量状况报告，初步形成农村环境监管能力的工作目标。同年，监测总站印发了《关于印发〈2009 年国家环境监测工作实施方案〉的通知》（总站综字〔2009〕7 号）和《关于印发农村“以奖促治”村庄专项监测调整实施方案的通知》（总站生字〔2009〕155 号），在全国 31 个省（自治区、直辖市）及新疆生产建设兵团开展“以奖促治”村庄环境质量试点监测，每个省份选择 3 个“以奖促治”村庄开展监测。监测内容包括空气环境质量、饮用水水源地水质、地表水水质、土壤环境质量、生活污水处理设施出水水质等。

2014 年，环境保护部以环发〔2014〕125 号文件印发由中国环境监测总站制定的《全国农村环境质量试点监测工作方案》和《全国农村环境质量试点监测技术方案》。同年，监测总站制定并印发《农村环境质量综合评价技术规定（试行）》（总站生字〔2014〕148 号），将农村分为生态型、种植型、养殖型、牧业型、工业型、商业旅游型和其他型等 7 种类型，推动农村环境质量评价工作的科学性和标准化。2015 年，环境保护部印发《关于印发全国农村环境质量试点监测必测村庄名单的通知》（环办〔2015〕69 号），确定了开展长期连续监测的农村名单。

截至 2017 年底，我国农村环境质量试点监测工作已从最初的 74 个村庄发展为覆盖 31 个省（自治区、直辖市）及新疆生产建设兵团，涉及 331 个地市、827 个区县的 2 160 个村庄，初步建立我国农村环境质量监测网络。

图 3-5　农村环境质量监测报告

二、三峡工程生态与环境监测系统

为掌握长江三峡工程大坝建设期间及建成后库区生态系统的时空变化，1996 年，在国务院三峡工程建设委员会的组织协调下，由环保、农业、林业、水利、卫生、气象、地矿、地震、交通、中科院、原三峡总公司等国家有关部门以及湖北、重庆两省市地方政府等 70 多个科研院所、环境监测站和高等院校组建“长江三峡工程生态与环境监测系统”（以下简称监测系统），监测内容涵盖水环境、土壤环境、水生态、陆生生态、河口生态、地震地灾、局地气候、人群健康、水土保持、湿地生态、泥沙沉积等。

该监测系统的监测中心挂靠在中国环境监测总站，主要协助国务院三峡办做好监测系统的日常管理工作，每年对三峡库区及其相关地区进行生态与环境状况监测，编制并公开发布《长江三峡工程生态与环境监测公报》（中英文版）。自 1996 年到 2018 年底，监测系统已经顺利运行 23 年，积累了长时间序列生态与环境监测数据，掌握了三峡库区及相关地区的生态与环境本底及变化情况，为国家各有关部门和相关地方政府管理决策提供了科学参考和技术支撑。

三、三湖一库蓝藻水华预警监测网络

2007 年 5 月，太湖暴发蓝藻水华，造成了饮用水危机，这一事件引起了国家环境保护总局的高度重视，于 2008 年初向相关省份各有关单位印发了《关于加强太湖巢湖流域环境监测和执法监察工作的紧急通知》（环办〔2008〕11 号），要求监测总站联合江苏、安徽两省各有关单位开展太湖和巢湖水华监测预警工作。从 2008 年起，在每年 4—10 月蓝藻水华易发季节，对太湖、巢湖和滇池开展蓝藻水华预警监测，并编制监测日报、快报、周报和月报。监测总站研究制定了蓝藻水华预警监测评价技术规范，构建了以常规监测为主、卫星遥感监测为补充、自动在线监测为辅助的湖库水华“天地一体化”监测预警技术体系，在太湖、巢湖、滇池共布设42个湖体水质监测点位、3个饮用水水源地监测点位，同时利用MODIS、环境卫星等卫星遥感数据，开展太湖、巢湖、滇池全湖卫星遥感监测。

三峡库区蓝藻水华预警监测于2004年启动，监测范围由最初的13条支流26个断面逐步扩充，最多的时候达到38条支流82个断面。经过“十二五”期间的不断优化，截至2016年稳定在38条支流77个断面，其中重庆库区60个，湖北库区17个。监测项目由最初的11项发展到2016年的31项。监测时间分为预警监测时间和应急监测时间，预警监测每月监测1次，监测时间由最初的5—8月调整到整个水华敏感期（3—10月），2016年开始为全年各月监测。应急监测时间不定，当出现水华时进行跟踪监测，编制监测快报，同时全年按旬开展水华巡测及时发现水华，必要时展开应急监测。

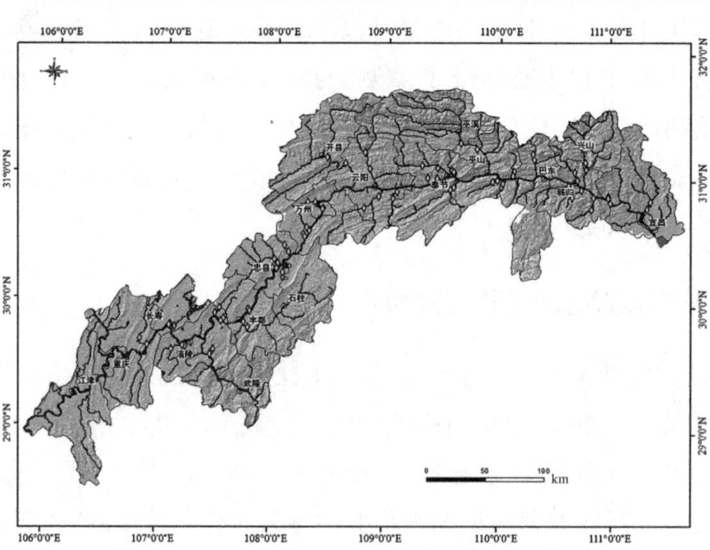

图3-6　三峡库区主要支流水华预警监测断面

四、沙尘暴监测网络

沙尘监测网络主要用来及时及定期分析沙尘天气对环境空气质量的影响范围和程度，我国于2007年开始组建专门用于监测沙尘天气的监测网，由78个环境监测站点组成，覆盖我国北方14个省、自治区和直辖市。利用2008年中央财政主要污染物减排专项资金项目进行建设，在2011年初基本建成并开始投入使用。主要监测项目包括：温度、气压、湿度、风向、风速等气象5参数以及PM_{10}、TSP和能见度等。每个沙尘监测站点上配备了滤膜采样系统、颗粒物分级采样器、恒温恒湿箱、计算机及数据采集系统、VPN通信系统等相关设备，在部分沙尘暴源地和主要传输路径的省级站配备卫星遥感分析系统、数据采集与传输系统等。

在每年沙尘天气等重污染发生期间，各点位通过网络向中国环境监测总站传输沙尘监测的小时数据，结合城市环境空气质量网络数据，及时编制沙尘影响报告，同时每年还编制年度全国沙尘天气影响城市环境空气质量报告。

五、酸雨监测网络

我国的酸雨监测始于20世纪70年代末期，起初在北京、上海、重庆、贵阳等少数城市开展了降水pH值监测。1982年国家环保局建立了全国酸雨监测网。2002年、2003年、2005年，国家环境保护总局开展了三次酸雨普查工作，对全国酸雨状况进行了全面调查，获得了较为全面的酸雨分布状况信息。2002年，参加全国酸雨普查的城市(区、县)共有664个，设置点位1 097个(其中城区点854个，郊区点243个)，216个城市开展了9项主要离子的测定。2003年，参加普查的城市(区、县)共有691个，设置点位1 183个(其中城区点891个，郊区点292个)，258个城市开展了9项主要离子的测定。2005年，参加普查的城市(区、县)共有699个，设置点位1 192个(其中城区点901个，郊区点291个)，276个城市开展了9项主要离子的测定。

2005年3月，中国环境监测总站编制《国家酸沉降监测网“十一五”能力建设规划》，2008年，环境保护部印发《2008年度中央财政主要污染物减排专项资金环境监测项目建设方案》，开展了国家酸雨监测网能力建设，在343个地级及以上城市的环境监测站、15个地理位置重要的县或县级市选取440个监测点位，配备酸雨自动采样器、雨量计、pH计、电导仪、离子色谱仪器等设备，实现降水采样自动化。截至2017年底，全国开展降水监测的城市(包括区、县)有480个，监测点位超过900个。

六、大气组分监测网

为研究空气中污染物来源，准确把握造成污染的主要原因，为大气污染防治制定因地制宜的控制策略，2016年11月环境保护部印发《京津冀及周边地区颗粒物组分/光化学监测网自动监测设备联网方案》和《2016年京津冀及周边区域颗粒物组分手工监测方案》两份文件，启动了我国颗粒物组分网及光化学网的组建工作。

2017年，组分网进入全面建设阶段，网络覆盖范围为京津冀及周边“2+26”城市，同时增加了雄安新区、秦皇岛、张家口三个城市，在31个城市建立了自动监测和手工监测点位。2018年5月，组分网覆盖范围进一步扩大至汾渭平原，在汾渭平原增加建设4个组分自动站点。手工监测由地方站采样，由第三方测试公司负责全流程的分析测试工作，监测指标为颗粒物及其多种组分，秋冬季监测频次为1次/天，春夏季为1次/5天；自动监测系统在2018年2月全部建成并实现联网运行。

2018年4月，光化学网首次在京津冀及周边的7个直辖市、省会城市及雄安新区开展监测，包括自动监测与手工监测。2018年8月，光化学网由7个站点扩充至20个站点，在新增的13个城市开展手工监测。2018年全国78个城市开展全国首次系统的光化学前体物监测。

第四篇　环境监测业务体系

经过40年的长足发展，生态环境监测技术能力显著提升，业务支撑体系不断完善，从20世纪80年代初的每年一本环境质量报告书，发展到全国环境监测系统联网汇总数据累计约20亿个、国家每年编写40多种、2 000余份各类环境质量报告；从最初的环境质量纸质报告拓展到空气、水、污染源等实时多源数据发布，延伸到网站、App、微信、媒体等多元化数据共享；从“说清环境质量及变化趋势、说清污染源排放状况、说清潜在的环境风险”提升至具备预测未来空气环境质量能力。生态环境监测业务体系紧紧围绕环境管理需求，在支撑总量减排、污染防治攻坚战、环境质量目标责任考核、生态转移支付、建设项目竣工验收和应急保障等方面发挥了重要作用，有力推动了环境管理向环境质量管理和风险防范管理战略转型；在环境监测数据实时公开、重污染天气预报预警等方面不断提供优质的生态环境监测产品，在满足百姓环境知情权、监督权、参与权等涉及民生的方面开展了卓有成效的工作。

第一章　环境质量例行报告

环境监测发展40年来，环境监测产品日益丰富，环境质量报告体系日臻完善。由20世纪80年代初的每年一本环境质量报告书，发展到目前每年编写40多种、2 000余份各类环境质量报告，形成了由各类综合性报告、专项报告以及专题报告组成的环境监测报告体系，拓展到运用GIS、RS、大数据进行数据挖掘和时空分析，环境监测报告的内容与深度日益深化，技术方法与表征形式不断丰富，为环境管理与政府决策提供了强有力的技术支持，为公众提供了优质的生态产品和全面的信息服务，不断满足人民群众日益增长的优美生态环境需要。

一、中国环境状况公报

20世纪70年代，我国的环境质量综合分析工作与环境监测工作共同起步。1980年，城乡建设环境保护局颁布了《关于建立“环境质量报告书”制度的意见》，正式确立了环境质量报告书的编写模式。1983年，城乡建设环境保护局颁布《全国环境监测管理条例》，建立了报告制度，系统地规范了环境监测数据分析与评价的程序。1991年，国家环境保护局颁布了《全国环境监测报告制度（暂行）》等文件，详细规定了各类环境质量报告编制的要求，为环境质量综合分析提供了执行依据。2011年，环境保护部颁布《环境监测质量管理技术导则》（HJ 630—2011），明确规定了各级环境监测站开展环境监测工作，出具监测报告的内容。2012年，环境保护部发布了《环境质量报告书编写技术规范》（HJ 641—2012），规定了环境质量报告书的总体要求、分类与结构、组织与编制程序、编写提纲等内容。

自1989年起，根据《中华人民共和国环境保护法》第十一条有关要求，国家环境保护局开始向社会公开发布《中国环境状况公报》（以下简称《公报》）；自1997年起，国家环境保护局首次发布英文版《公报》；2018年《公报》正式更名为《中国生态环境状况公报》。至今，《公报》编制发布工作已持续开展近30年，中文版累计发布29份，英文版累计发布21份。生态环境部于“六•五”世界环境日前夕以新闻发布会等多种形式正式发布中文版《公报》，成为全国乃至世界人民了解中国环境的重要载体。

《公报》由生态环境部主持编写，会同发展改革委、自然资源部、住房和城乡建设部、水利部、国家林业局等 11 个国家部委进行编制，内容涵盖了大气、淡水、海洋、土地、自然生态、声、辐射、气候变化与自然灾害、基础设施与能源等 9 个方面，为整体说清全国环境质量状况提供了权威数据和信息。

图 4–1　历年《中国环境状况公报》

二、中国环境质量报告

1982 年，城乡建设环境保护部环境保护局发布了《中国部分地区城市环境质量基本状况（一九八一年度）》（简称《年度报告书》），为全国环境质量年度报告书编写工作拉开序幕。《中国部分地区城市环境质量基本状况（一九八一年度）》是我国第一本全国尺度的综合性环境质量报告，涵盖了大气、水、噪声、放射性因子、固体废物、土壤生态等多环境要素的质量状况，对当时的环境质量状况和问题进行了详尽的分析总结。1983 年，《年度报告书》正式更名为《中国部分地区城市环境质量年报》。1991 年，《中国部分地区城市环境质量基本状况（1986—1990 年度）》（简称《五年报告书》）正式发布，这是我国第一本全国尺度的五年期综合性环境质量报告，宣告着全国环境质量五年报告书编写工作正式开始。自 1992 年起，《年度报告书》和《五年报告书》均正式更名为《全国环境质量报告书》；自 2008 年起，再度正式更名为《中国环境质量报告》（见图 4—2），并延续至今。

《中国环境质量报告》全面深入分析了我国环境质量状况及变化趋势，从 1981 年第一本报告书开始，随着环境监测要素的持续拓展以及环境质量综合分析技术、表征方式的不断发展，目前报告书已发展成为覆盖空气、水、土壤、生态、噪声、辐射等全要素，关联社会经济、气象气候、地理地貌、污染排放等多领域，运用 GIS、RS、大数据等技术手段开展数据挖掘和分析评价的综合性权威报告，为环境管理和决策提供了有力的技术支撑，为公众和科研工作者提供了可靠的环境质量数据和信息。

全国各级环保部门也致力于建立和实行环境质量公告制度，统一发布综合性环境质量状况报告和重大环境监测信息，定期公布重点流域和重点城市的环境质量状况，保障公众的环境知情权，提高公众对环境质量信息的知晓度，实现公众对环境质量状况的有效监督。

图 4-2　历年《中国环境质量报告》

三、环境质量专题报告

为适应环境管理决策的需求、不断满足公众环境知情权，全国各级环境监测部门不断完善各类专项报告的编制和发布，及时总结和反映各要素环境质量现状、变化原因、发展趋势，说清污染源的排放情况，客观准确地反映和评估环境管理决策措施取得的成效，为生态环境保护工作提供综合决策依据，为公众提供广泛权威的各类环境质量信息产品。

（一）环境质量专报和综合性专题报告

环境质量专报：针对重点环境质量监测情况和突出典型问题，从《重要环境监测信息专报》发展到《环境监测要情》，及时把握重点、敏感地区环境质量变化趋势，对国家重点工程、重点敏感地区、具有重要或潜在环境风险的污染对象以及重点、热点环境问题进行专题分析，对重点、热点地区环境质量改善提出了有针对性的污染防治措施和建议，得到了部领导和相关司局的认可。《环境监测要情》至今发布了近 90 期，近半数得到部领导批复，实现要情报送“精、准、快”，为部领导和相关司局及时地把握和解决重点环境质量状况和问题提供了决策依据。同时，监测总站及时将重要环境质量监测信息通过生态环境部政务信息渠道上报，监测总站连续 14 年获得部政务信息排名第一；其中，2017 年共上报信息 112 份，半数被部采纳，10 余份得到部领导批示，7 份得到中办、国办采纳。

综合性专题报告：以各环境要素监测数据为主要研究对象，以国家和行业现行标准和评价技术规范为评价依据，编制各类综合性环境质量报告。主要包括《长江三峡工程生态与环境监测公报》（中、英文版）、《中国近岸海域环境质量公报》（中、英文版）、《各季度全国环境质量分析会商材料》《全国环境质量状况》（暨全国环保厅局长会议参阅材料）、《国家环境监测质量报告》等。

（二）空气质量专题报告

空气质量周报：1997 年 3 月，国家环境保护局发布《关于在重点城市开展空气污染周报工作有关问题的通知》（环监〔1997〕176 号），要求 46 个城市分批次开展空气质量周报工作。同年 6 月，监测总站开始编制重点城市空气质量周报（试报），上报国务院有关领导和部门。1998 年 1 月，监测总站为新闻媒体中央电视台、中国环境报编制《重点城市空气质量周报》新闻稿。1998 年 10 月 9 日起，《全国 46 个城市环境空气质量周报》在中央电视台“经济半小时”节目正式播出，这是我国首次通过中央媒体定期对外发布环境空气质量信息。

空气质量日报：按照《关于〈城市空气质量日报技术规定〉的通知》（总站办字〔2000〕026 号）要求，北京、上海、天津等 30 个城市从 2000 年 5 月 15 日开始向总站报送空气质量日报数据并发布空气质量日报，发布内容为基于 SO_2、NO_2 和 PM_{10} 三项污染物日均浓度的空气污染指数（API）；2000 年 6 月 5 日，增加呼和浩特、长春、福州等 12 个城市参加空气质量日报；2001 年 6 月 5 日，秦皇岛、连云港、宁波、桂林和北海 5 个城市开始发布空气质量日报，至此共有 47 个城市在中央一套晚间新闻结束后发布空气质量日报。2006 年 1 月，113 个环保重点城市 661 个点位全部实现了空气质量日报，日报发布工作一直延续至 2012 年底，2013 年至今发布空气质量实时报。

（三）水环境质量专题报告

全国地表水水质月报：2003 年，国家环境保护总局发布《关于开展重点流域水质月报工作的通知》（环函〔2003〕2 号），开始对淮河、海河、辽河、长江、黄河、松花江、珠江、太湖、巢湖和滇池等流域开展水质月报工作，自 2003 年 3 月正式对外发布；监测总站组织对全国地表水国控断面水质每月进行监测，收集、汇总、分析监测数据，按照 9 项指标对监测结果进行评价，并编制《全国地表水水质月报》，主送环保部领导和各有关司（局）以及各省（区、市）环境监测中心（站），同时在环保部外网向社会发布。2008 年 3 月开始，全国监测系统增加了水质监测项目，《全国地表水水质月报》随之采用《地表水环境质量标准》中的 23 项指标进行评价，与原 9 项指标相比，评价结果变化明显；鉴于此，《全国地表水水质月报》未再全面发放，仅作为内部参考资料报送环保部。2011 年 3 月开始，《全国地表水水质月报》水质评价执行《地表水环境质量评价办法（试行）》（环办〔2011〕22 号），评价 21 项指标。2012 年 6 月，《全国地表水水质月报》重新改版，分为公众版和专业版两个版本，公众版在环境保护部和中国环境监测总站外网发布，专业版报送环保部领导和各有关司（局）以及各省（自治区、直辖市）环境监测中心（站）。

专题报告：根据环境管理需求，紧扣重点领域和重点流域 / 湖库的环境质量状况和变化分析，编制十余种地表水环境质量专题报告，主要包括《地表水重金属污染专报》《生态环境部办公厅信息供稿（饮用水水源地水质）》《太湖蓝藻预警监测日报》《巢湖蓝藻预警监测快报》《三峡水华监测快报》《三湖蓝藻预警监测周报》《界河联合监测报告》等。

图 4–3　水环境质量专题报告

（四）生态环境质量专题报告

全国生态环境质量报告：从 2006 年起建立我国生态环境监测与评价的技术体系后，每年编制并出版《全国生态环境质量报告》，是我国环境保护主管部门的第一份生态环境质量报告，实现了全国、省域、县域、区域生态环境状况及变化趋势的系统评价，实现了生态环境质量的时空对比分析，反映了我国生态环境状况和变化趋势，开拓了我国环境保护领域在生态环境方面的新阵地。

长江三峡工程生态与环境监测公报（中、英文版）：从 1996 年长江三峡工程生态环境监测系统监测中心启动至今，始终能够按时并高质量地编写并印刷出版，并提请环境保护部在每年的世界环境日前向国内外公开发布，表明了我国政府高度重视三峡工程生态与环境保护工作的政治立场，在国内外有着重大影响。而且，作为监测系统各成员单位集体智慧的结晶，三峡公报是监测系统工作成果最直接的表达方式，是目前国内最具有权威性和说服力的三峡生态与环境信息窗口，体现监测系统为水库管理和环境保护提供决策参考的技术支撑作用，同时也充分展示了监测系统自身的整体性、统一性和连续性。

（五）污染源监测专题报告

监测总站基于全国各级环境监测站污染源监督性监测数据、质控抽测结果和各类专项监测结果等，定期编制《国控重点污染源监督性监测报告》《重金属国控重点污染源监督性监测报告》《国控重点污染源监督性监测质量核查暨质控抽测报告》《全国生活垃圾焚烧厂二噁英排放监督性监测报告》等各类季报、年报、专报共计约 150 余份，及时报送生态环境部，为环境执法、污染防治等环境管理工作提供了有力的决策支持。

图 4-4 各类环境质量专题报告

（六）其他环境质量专题报告

基于 2005—2013 年开展的全国第二次大型土壤环境调查，2014 年 4 月 17 日环境保护部联合国土资源部发布了《全国土壤污染状况调查公报》，公布了全国土壤环境质量状况。基于全国声环境监测网络，编制《中国噪声污染防治年报》《全国城市声环境质量报告》《城市功能区声环境质量季报》等报告，反映每年度各城市声环境质量总体状况，应用于城市考核和排名，促进声环境质量整体改善。环境统计每年出版《中国环境统计年报》《环境统计提要》等数据产品，提供污染物产生、治理和排放等数据信息。

第二章　环境监测数据实时发布

随着国家生态环境监测网络监测要素和监测点位的不断完善、多源生态环境监测数据联网工作的全面推进、生态环境监测数据集成整合程度的逐步加深、环境监测信息产品类型的不断丰富，环境监测数据共享发布的力度、深度和广度得到持续加强。在共享内容上，从最初的环境质量报告书发展到空气、水、污染源等实时多源数据发布；在共享渠道上，从单一的纸质报告出版拓展到门户网站、手机 App、广播电视、微信、微博、平面媒体等多元化数据发布；在共享对象上，从上报管理部门到面向公众、科研机构、企事业单位等多形式的合作发布。监测数据共享发布的时效性、规范性和多样性实现质的飞跃，贯彻落实了中央对于“国家监测数据与地方监测数据共享，各级各类监测数据互联共享”的指示要求，为满足公众的环境知情权、参与权和监督权提供了坚实保障。

一、空气质量自动监测

2013 年至今，监测总站对外实时发布空气自动监测数据，为全社会关注空气污染问题、防治大气污染起到了积极作用。2012 年，随着新《环境空气质量标准》颁布及国家城市环境监测网（338 个地级及以上城市，包括部分州、盟首府所在地的县级市的 1 436 个监测点位）确立，1 436 个点位相继开展 SO_2、NO_2、PM_{10}、$PM_{2.5}$、CO 和 O_3 等 6 项监测指标的监测，并于 2013 年 1 月 1 日起，正式向公众发布空气质量指数信息。本着让老百姓看得懂、看得明白的要求，按照及时、准确、便民、为民的原则，监测总站在官方网站发布“全国城市空气质量实时发布系统”，并推出手机版“全国空气质量发布系统”，供公众及时了解空气质量信息，为公众提供健康指引和出行参考。第一阶段实施空气质量新标准的 74 个城市也采用网络、电视、手机、微博等方式向公众发布基于新标准的空气质量信息。

为更好地满足公众环境知情权，提升环境监测数据影响力，按照生态环境部部署，监测总站与国内具有较大影响力的腾讯和墨迹建立合作，以更加开放和自信的姿态融入移动互联网时代，让最权威的环境质量数据以最亲切的面孔走进寻常百姓的生活，共同提升空气质量实时数据的影响力和覆盖面。其中，与腾讯合作在微信中开通“空气质量查询”服务，风格设置清新简洁，功能设置简单实用，方便公众快速获取环境信息；与墨迹合作开发了新版“城市空气质量发布”软件，做到“最全面、最亲民、最快捷、最权威、最开放”，满足公众、环境管理和专业人员等不同用户的个性化需求。

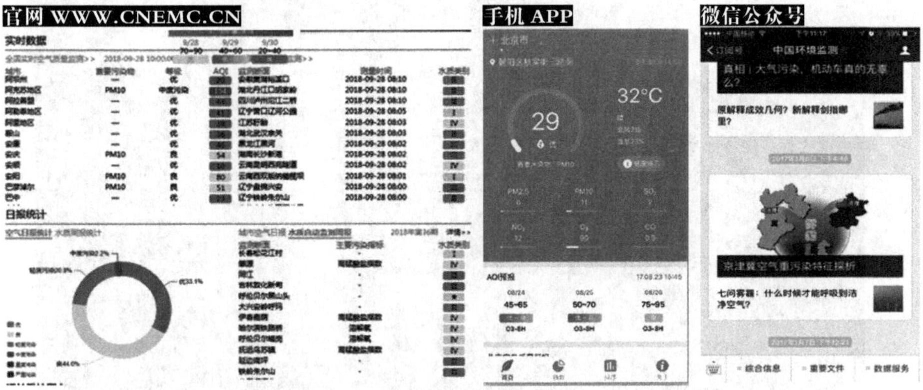

图 4-5　多渠道空气质量信息发布

二、地表水环境质量自动监测

2001 年至今，地表水环境质量自动监测站网不断拓展，监测指标愈加丰富，水质自动监测数据发布的内容和广度随之逐步深化。2001 年 3 月开始发布重点流域、湖库水质自动监测周报，《中国环境报》每周三发布“淮河流域水质自动监测周报”和“太湖流域水质自动监测周报”，随后在《人民日报》《光明日报》同步发布；同年 6 月于中国环保网、东方环境网开始发布包括全国 40 个水质自动监测站数据的“全国主要流域重点断面水质自动监测周报”。2003 年 6 月、2004 年 1 月，随着水质自动站网的拓展，《中国环境报》发布“全国主要流域重点断面水质自动监测周报”的水质自动监测站分别增加至 68 个、73 个。2011—2014 年，“全国主要流域重点断面水质自动监测周报”发布的水质自动站数量从 115 个增加至 145 个。

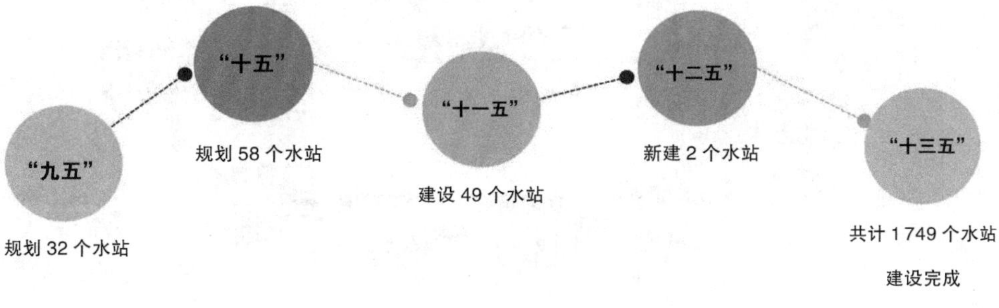

图 4-6　国家水质自动监测站建设历程

图 4-7　国家水质自动监测站站房

2007 年 5 月起，“国家地表水水质自动监实时数据发布系统”投入使用，在监测总站和国家环境保护总局官网实时发布水质自动监测数据，大大增强了水质数据发布的时效性，为公众提供了更加及时丰富的水质信息产品。从水质自动监测数据发布的内容看，主要包括常规水质类别、pH、溶解氧、高锰酸盐指数、氨氮、总有机碳等指标，以及断面属性和站点运行情况；从频次看，水质环境监测站常规五参数每小时采样分析一次，其余参数每 4 小时采样分析一次，数据发布频次统一在每 4 小时更新一次数据。

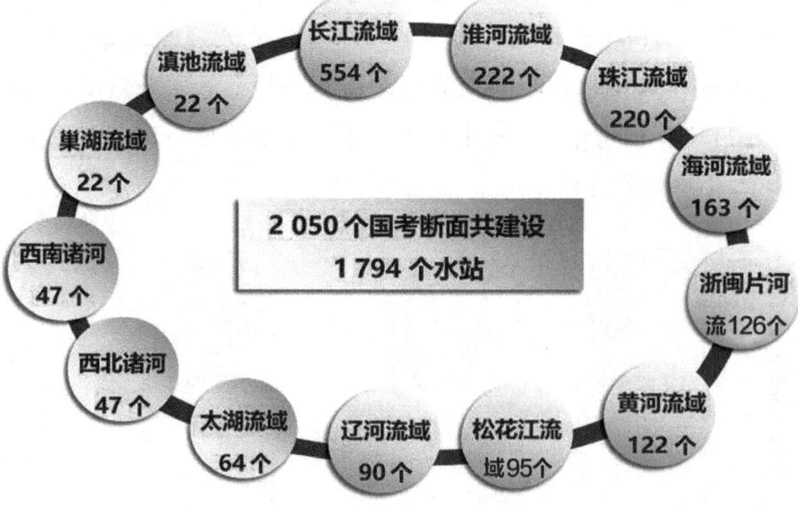

图 4-8　国家水质自动监测站 2 050 个考核断面建设水站的流域分布

三、污染源自动在线监测

随着我国污染源监测管理模式的转变，企业自行监测不断发展，污染源自动在线监测数据发布的广度和深度不断提高。“十一五”“十二五”为企业自行监测与信息发布的起步阶段，我国分别于2007年、2013年印发了《“十一五”主要污染物总量减排监测办法》《“十二五”主要污染物总量减排监测办法》，2013年环境保护部印发了《国家重点监控企业自行监测及信息公开办法（试行）》（环发〔2013〕81号），并采取与总量减排考核指标挂钩的办法，开始推进排污企业自行监测制度的建设和污染源监测信息公开发布工作，全国近1万家国家重点监控企业安装自动监测设备，并与国家联网。

“十三五”期间，随着我国环境保护管理模式由总量减排转为以环境质量改善为核心，企业自行监测和信息发布得到跨越式发展。最新修订的《环境保护法》《大气污染防治法》对重点排污单位开展自行监测提出了法律上的强制要求，2016年国务院办公厅印发的《控制污染物排放许可制实施方案》（国办发〔2016〕81号）规定，“严格落实企事业单位环境保护责任，实行自行监测和定期报告；企事业单位在线监测数据可以作为环境保护部门监管执法的依据”。2017年建成全国排污许可证管理信息平台，及时公开企事业单位自行监测数据和环境保护部门监管执法信息，并与环保举报平台共享污染源信息，鼓励公众举报无证和不按证排污行为。污染源自动在线监测的依法开展和依法发布，为监管执法提供了依据，推进了污染源监测的规范化管理，促进了全社会共同监督。

专栏　数据联网

2015年8月，国务院印发《生态环境监测网络建设方案》，明确指出要全国联网，实现生态环境监测信息集成共享，并统一发布生态环境监测信息。按事权改革的要求，中央负责国控网的运维，地方负责辖区内其他站点的运维，同时实现国家监测数据与地方监测数据的共享。2016年2月环境保护部印发《生态环境监测网络建设方案实施计划（2016—2020）》（环监测〔2016〕107号），进一步明确总体目标是“到2020年，按照全面设点、全国联网、自动预警、依法追责的要求，全国生态环境监测网络基本实现环境质量、重点污染源、生态状况监测全覆盖，建立完善的监测技术体系和数据质量管理与控制体系，各级各类监测数据互联共享，监测预报预警、信息化能力和保障水平明显提升的生态环境监测网络”。根据环境保护部要求，截至2016年年底实现了京津冀及周边、长三江、珠三角地区共15省市1 600多个空气自动站小时监测数据与监测总站的互联互通，皖、鄂、滇、京、津、鲁、川、粤地表水水质自动站监测数据先后完成联网，3 000多个省市级地表水断面监测数据联网全部完成，上收了各地方站4 006个土壤点位的监测数据。2017年，按照环境保护部《京津冀及周边地区2017—2018年秋冬季大气污染综合治理攻坚行动方案》《关于加强“2+26”城市县（市、区）空气质量监测工作的通知》《关于加强“2+26”城市空气质量监测工作的函》的要求，2017 年 10 月底前，“2+26”城市 327 个县（市、区）的空气质量自动监测站原始监测数据第一时间按数据传输要求直传监测总站。2018 年生态环境部印发《2018 年全国生态环境监测工作要点》和《2018 年国家生态环境监测方案》（环办监测函〔2018〕337 号），要求 2018 年 10 月底前实现地方建设的空气质量自动监测站数据全部直传总站，健全空气、水、土壤、声、生态遥感、污染源监测网，不断完善“天地一体”的生态环境监测网络。

目前，在全国环境监测数据联网工作的基础上，开展了生态环境监测多源信息资源整合，建立了一定规模、环境要素齐全、覆盖范围广、信息量大的生态环境监测信息数据库体系，融合了国家环境监测网络和部分地方监测网络的空气质量、地表水、酸雨、湖库、生态、海洋等多种环境要素，实现了多源数据的统一填报、统一传输、统一存储管理，并初步具备了环境监测信息共享的能力。基于生态环境监测信息数据库构建了“一网一库一平台多应用”信息化建设体系，为多元数据分析、数据挖掘提供扎实基础，切实推进了多渠道、多形式的监测数据开放共享。

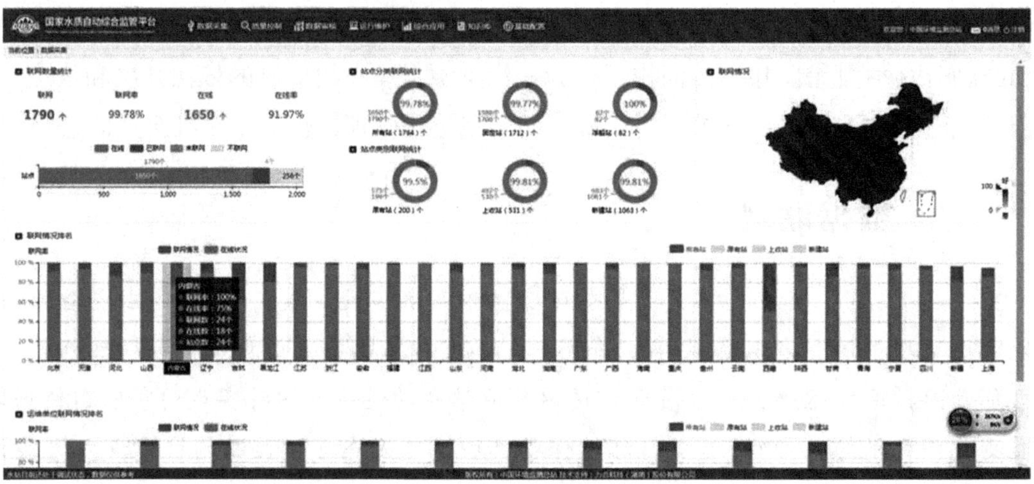

图 4-9　国家水质自动综合管理平台

第三章　环境预警与应急监测

为贯彻落实《大气污染防治行动计划》，全国空气质量业务历时五年的不懈发展，在集群模式、监测资料同化和污染来源追因等方面达到了业务化国际领先水平，为管理部门提前采取目标明确、有针对性的区域污染管控措施提供了关键决策依据，为公众提供了权威的健康防护信息，有力支持和圆满完成了北京 APEC 峰会、抗战胜利 70 周年大阅兵等重大空气质量预报保障任务。空气质量预报预警蓬勃发展的同时，环境应急监测也硕果累累，经过近 10 年的发展，全国环境监测系统装备了大量应急监测仪器设备，形成了一支较为专业的应急监测队伍，研究建立了多介质、多指标的应急监测技术方法，国家及地方定期组织应急监测演练，突发环境事件应急监测技术水平不断提升、监测能力大幅增强，为环境应急工作提供了重要技术支撑。

一、环境质量预测预报

自 2013 年《大气污染防治行动计划》提出建立重污染天气预警体系以来，历经五年的科学探索和业务发展，全国空气质量业务预报系统从无到有、从粗到优、从初级到综合，目前已成为支撑大气污染防治的重要技术手段，为管理部门精准治污、科学施策提供科学有力的科学支撑，并为指导公众日常出行和健康防护提供权威的空气质量预报信息。

（一）空气质量预报技术体系持续完善

从 1973 年第一次全国环保工作会议开始，我国陆续在大气扩散模式、污染气象学、污染气象参数与大气污染物浓度之间的关系、空气污染预报等方面开展了空气质量预报研究工作，并先后在北京、沈阳、兰州、重庆、长沙和太原等城市初步开展了以 SO_2 为主的城市空气污染试验预测和预报研究工作，但未形成长期系统性的业务预报。

2013 年 9 月国务院印发的《大气污染防治行动计划》中明确提出“建立监测预警应急体系，妥善应对重污染天气”，要求 2015 年年底全国重点区域、省和重点城市分阶段逐步建立重污染天气预警体系，做好重污染天气过程趋势分析，完善会商研判机制，提高监测预警准确度，及时发布监测预警信息。自此，以《大气污染防治行动计划》为总体导向和基本原则的空气质量业务预报在全国范围内正式拉开序幕。监测总站组织建立联合攻关团队，依托国内自主研发的、先进的空气质量数值模式，创新性地搭建了国家区域空气质量业务预报系统，仅以一年时间即建成中国环保史上最快、最综合的覆盖京津冀及周边五省两市的区域空气质量预报业务系统，从 2013 年 10 月起正式实现京津冀及周边区域空气质量业务预报。

在预报能力方面，模式系统的预报能力不断改进和完善，区域重污染过程预报能力明显提升。国家预报中心率先采用多个数值模式集合预报的方法开展京津冀及周边区域空气质量预报。经过数年优化升级，国家预报中心高性能计算集群峰值计算能力从每秒 135 万亿次提升到 175 万亿次，以国内外主流数值预报模式（NAQPMS、CMAQ、CAMx 和 WRF-chem）搭建了集合预报系统，形成了以 45km × 45km、15km × 15km 和 5km × 5km 分辨率分别覆盖东亚、中国和京津冀及周边区域的三层嵌套模式，每日输出的区域空气质量预报产品时效从未来 5 天逐步延长到未来 7 天和未来 10 天，在集群模式、监测资料同化和污染来源追因等方面达到国际领先业务水平。

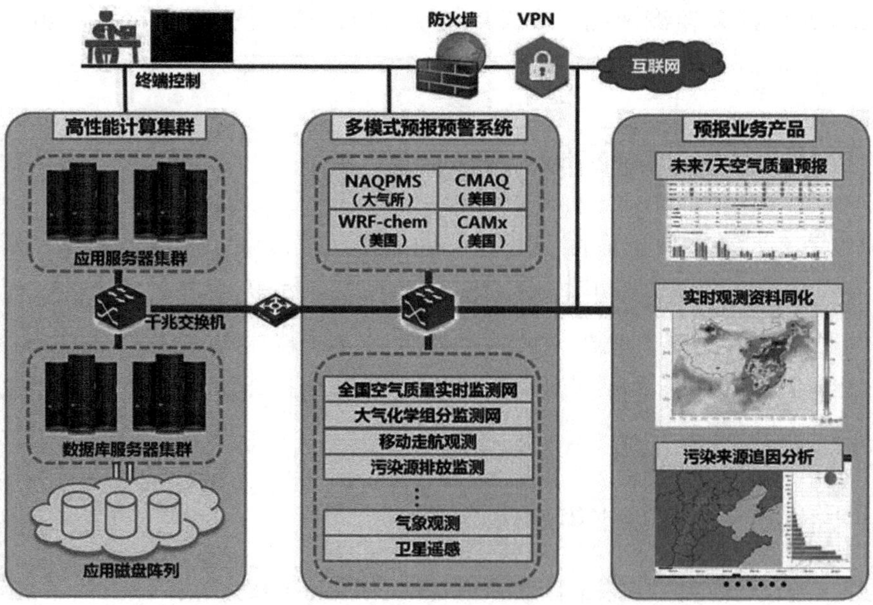

图 4-10 空气质量预报技术路线示意图

在预报方法方面，创新性地总结出具有普遍适用性的“五步法”预报方法流程，即“模式预报分析—污染源分析—大气条件分析—空气质量实况监测分析—客观订正”等五个关键技术环节。空气质量预报已从最初的粗放式区域重污染形势总体判断，逐步发展为能够提供重污染演变起止时间、峰值浓度、影响范围等更加精细化的预测预报，预报的实用性和指导性日益加强，高效助力管理部门科学决策、从容响应、精准打击。在2016年秋冬季至2017年春季期间近20次的部长专题会商中，基于预报产品对京津冀及周边区域大气重污染过程进行缜密研判和深入解读，区域大气重污染过程预报准确率接近100%，代表城市级别预报准确率高于75%，为管理部门提前采取目标明确、有针对性的区域污染管控措施提供了关键决策依据。

在预报产品方面，逐步提高预报准确率，丰富预报产品类型。基于观测数据资料同化滚动改进模式预报初始场，集成多模式优势优化预报效果，研发污染来源追因分析和前后向轨迹模块等。目前，监测总站每日例行发布全国未来三天、京津冀及周边区域未来十天、珠三角和长三角区域未来五天的空气质量形势预报；各省和重点城市基于全国空气质量预报信息发布系统分别发布未来三天的省域空气质量形势预报和72小时城市AQI预报。自2013年10月正式开展区域例行业务预报以来，累计向环境管理部门提供京津冀及周边区域预报信息1 800余期，为京津冀及周边区域大气污染管控提供了强有力的技术支撑。

图4–11　每日例行发布全国空气质量预报信息

在预报技术成果方面，不断总结技术方法，凝练技术成果。监测总站牵头组织国内业务预报经验丰富的省市预报部门，先后编写了《环境空气质量预报预警方法技术指南》《环境空气质量预报成效评估方法》《环境空气质量预报信息交换技术指南》等专著，并会同科研院所联合编制《区域环境空气质量业务预报平台设计》；同时，根据预报技术发展需求，先后印发《环境空气质量预报信息交换技术指南（试行）》《环境空气质量可视化预报会商技术指南（试行）》《环境空气质量数值预报模式源清单技术指南（试行）》

《环境空气质量预报预警业务工作指南（暂行）》《重污染预报会商与管控技术支持暂行规定》《城市空气质量预报评估暂行规定》等一系列技术指南和技术规定；组织编制本领域首项国家标准《环境空气质量数值预报技术规范》，为全国预报技术体系发展奠定了牢固的理论基石，填补了多项技术空白。其中，《环境空气质量预报预警方法技术指南》（第二版）全面总结了我国当前空气质量预报的技术方法理论和实践应用，结合现行技术单位的典型案例，为全国各级空气质量预报技术团队提供了系统性的理论引导和经验借鉴，荣获“第二批全国环境保护优秀培训教材”称号。

在预报科研方面，秉承科研工程业务化的理念，以产学研协同攻关的方式，通过多个国家大气专项、科技支撑项目、环保公益项目和自然科学基金项目或课题研究，推动开展了数值模式资料同化、污染来源追因、预报成效评估等方法研究和应用示范，强有力地促进了技术水平提高和业务系统拓展。基于京津冀及周边区域空气质量预报业务系统的应用成果，监测总站在“嵌套网格空气质量预报模式（NAQPMS）自主研制与应用”项目中作为第二排名单位，该项目荣获国家科学技术进步二等奖；“京津冀及周边区域空气质量预报业务系统”荣获首届数字中国建设年度最佳实践。

图 4-12 监测总站“京津冀及周边区域空气质量预报业务系统”荣获首届“数字中国建设年度最佳实践”

（二）空气质量预报业务体系不断强化

2013 年 9 月底，环境保护部批准成立环境质量预报预警中心（后更名为环境质量预测预报中心），从事空气质量业务预报工作，并部署开展“国家—区域—省级—城市”四级空气质量预报体系建设。自此，全国重点区域、省、重点城市开始有序推进各地空气质量预报系统建设。

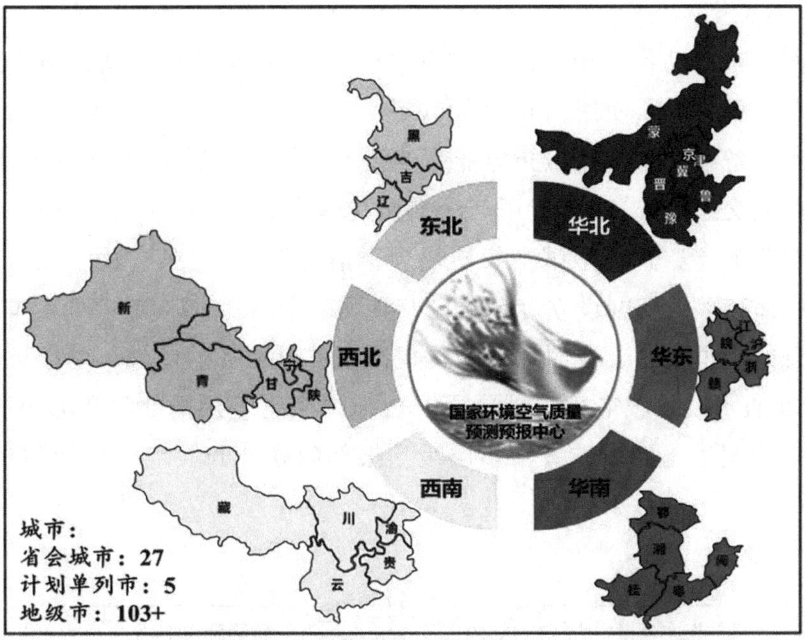

图 4-13 “国家—区域—省级— 城市”四级空气质量预报体系示意图

图 4-14　2013 年空气质量预报预警技术研讨会

按照“国家—区域—省级—城市”四级空气质量预报体系建设路线，国家空气质量预报中心和京津冀及周边区域预报中心均依托监测总站开展相关业务。区域空气质量预报中心于 2013 年和 2017 年前后分批集中建设，逐渐形成京津冀及周边、长三角、华南、东北、西南和西北六大区域预报中心的总体布局；27 个省级站和 36 个重点城市也按相关进度要求完成各地预报系统建设，逐渐形成运行稳定、有序发展的四级空气质量业务预报系统。

国家层面不断推动各级预报产品交换共享。“36城市及省级站预报产品交换系统”于2015年11月正式投入使用，开始向36个重点城市和省级预报部门下发国家预报指导产品，初步具备了中东部预报指导能力的技术支持，随后于2018年升级为“全国空气质量预报产品交换系统”，扩展了产品交换共享范围，完善了双向交换共享功能。在全国预报信息发布上，以“全国空气质量预报信息发布系统”为统一发布平台，并分别在生态环境部和总站官网设立专题链接，实现了全国六大区域、27个省和36个重点城市预报信息的集中发布，及时为公众提供预报信息服务。此外，基于环境保护专网，2017年基本联通六大区域空气质量预报中心、27个省级预报部门和部分重点城市的视频会商系统，为国家、区域、省市多层级预报部门联合开展空气质量预报视频会商奠定基础。

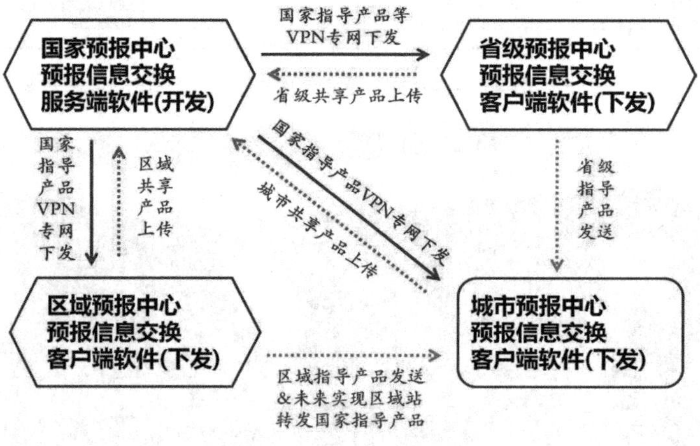

图4–15 全国预报信息交换系统示意图

自2018年初开始，生态环境部每月组织全国六大区域空气质量预报中心开展2次长达15天的空气质量形势预报会商，进一步推动我国空气质量中期预报能力提升。在特殊时期还会发布专题性质的空气质量预报，于每年“两会”和春节、国庆等节假日前夕基于各区域预报中心会商发布对应时段的全国空气质量预报信息。在《大气污染防治行动计划》颁布的近五年里，面对京津冀区域和北京市完成“大气十条”考核目标的严峻形势，国家空气质量预报中心与北京市空气质量预报部门通力合作，适时加密会商，以日益精细化的区域空气质量预报结果有力支持管理部门科学部署、精准施策，不同程度地实现了大气重污染过程“缩时削峰”，赢得了区域大气重污染应对的主动权。在各地业务预报实践中，逐渐探索建立了本地化的预报员值班制度、预报会商机制、信息发布与报送制度等一系列高效可行的工作机制；各地空气质量预报结果通过官方网站、App、微博、微信公众号等多种形式对外发布，成为指导公众日常出行和健康防护的重要信息。

图 4-16　空气质量形势预报会商现场

（三）空气质量预报员队伍发展壮大

预报员是开展空气质量业务预报的主体，业务预报长久发展要依赖于一支水平高、稳定化的预报员队伍。多年来，在开展空气质量预报系统建设的同时，全国预报系统也在不遗余力地开展预报员技术培训和人才队伍建设，努力提升业务预报软实力。

自 2014 年起，监测总站在全国范围内开展了形式丰富、效果良好的预报实训。以国家空气质量预报中心为依托，以京津冀及周边区域空气质量预报业务系统为培训现场，以技术实训班的形式，组织全国各省级和重点城市预报员分 16 期开展为期两周的技能培训，手把手带出了 57 个省级和重点城市预报部门约 150 名预报员，成为国内空气质量预报员队伍的“人才孵化器”。同时，坚持每年组织 1 ~ 2 期大规模的空气质量预报技术培训，对全国预报员开展集中培训。此外，还在技术能力突出的地方预报部门和全国六大区域预报中心开展交叉培训、空气质量预报预警信息交换及联网发布技术实训班，全面推动了全国各级预报部门人才队伍建设和技能发展，形成了第一批全国预报骨干队伍。作为排头兵，这支预报员队伍 365 天天天在岗，24 小时时时待命，综合素质过硬、技术能力突出、抗压能力超强，已成为环保领域的一支新晋“铁军”。

为规范全国空气质量预报人才队伍管理，保证预报员团队的积极性和稳定性，2018 年初监测总站印发了《环境空气质量预报员分级指南（暂行）》和《环境空气质量首席预报员业务技术岗位管理办法（暂行）》，以推动全国预报员分级管理、促进个人能力提升。此外，为调动预报员工作热情，激发工作干劲，生态环境部于 2018 年 5 月首开先例，对 181 名在全国空气质量预报工作中表现突出的预报员进行通报表扬，这也是对多年来全国空气质量业务预报工作的肯定和激励。

随着空气质量预报在大气污染防治中支撑作用的不断凸显，空气质量业务预报工作得到一致认可和多方重视。监测总站环境质量预测预报中心这支年轻的队伍已成为总站新晋核心业务团队，凭借其在全国及区域环境空气质量业务预报体系构建、京津冀及周边区域空气质量形势预报、区域大气重污染过程分析研判、重大活动空气质量保障预报会商等方面的优异表现和突出贡献，先后荣获2012—2015年环境保护部直属机关先进党支部、2014年环境保护部直属机关“三八红旗”集体、2017年全国环境保护系统先进集体、总站先进集体、优秀党支部和共产党员先锋岗等多项荣誉称号。

（四）合作共享机制运行顺畅

空气质量预报以气象预报为前提条件，需要与气象部门加强合作，建立良好的沟通机制。以京津冀及周边区域为试点，环境保护部于2013年下半年发布《京津冀及周边地区重污染天气监测预警方案（试行）》，要求京津冀及周边地区相关省、直辖市及地级以上城市环境保护部门与气象部门建立信息共享、联合会商、信息发布机制和业务流程。随后监测总站联合中央气象台制定了《京津冀及周边地区重污染天气监测预警实施细则（试行）》，成为双方在重污染天气预报会商的指导性文件。以上率下，全国各级空气质量预报部门与当地气象部门逐渐建立起良好、稳定的数据共享和合作机制。

监测总站预报中心活跃在访问接待、媒体采访和科普宣传等各项活动中。先后接待全国人大、中编办、中央委员、国防大学联合作战参谋班、中央气象局、原总参谋部气象水文空间天气总站气象中心、台湾环境管理协会以及美国、韩国等代表团的视察或参观，宣传介绍国家和区域空气质量业务预报；接受新华社、中央电视台、人民网、中国环境报社、凤凰网、澎湃新闻等多家媒体采访，对重污染天气预测进行深入解读；此外多次面向中学生开展科普宣传。环境空气质量预测预报业务已经成为监测总站体现行业水平的权威品牌和对外宣传的重要窗口。

图4-17 面向中学生开展空气质量预报科普宣传

同时，空气质量预报业务立足国际视野，放眼世界发展，以兼容并包的开放态度积极学习借鉴国外先进空气质量预报理念和技术。监测总站预报团队的国际访问交流足迹遍布美国、英国、比利时、法国、德国、日本、韩国等多个国家，与多个国际前沿科研机构建立长期合作关系，将国外先进预报理念和技术方法切实应用于我国预报体系发展之中。

（五）环境质量预测预报业务展望

2018 年 7 月，国务院印发《打赢蓝天保卫战三年行动计划》，制定了 2020 年污染物浓度下降目标，明确要求加强重污染天气应急联动，强化区域环境空气质量预测预报中心能力建设，开展环境空气质量中长期趋势预测工作等。空气质量预报的业务逐步在污染管控成效评估、空气质量达标规划、环境健康与风险评估等前沿技术领域有了长足发展，为打赢“蓝天保卫战”发挥了中坚作用。

为推动我国环境质量总体改善，水环境质量预测预警业务于 2017 年起步筹建。监测总站通过深入调研 10 家一流的高校和科研院所，掌握国内外水质预测预警研发和应用前沿，形成了我国水质预测预警发展规划初步思路和系统建设顶层设计。2018 年率先启动京津冀和长江下游典型流域 / 湖库的水环境质量预测预警系统（一期）建设项目，运用水环境质量机理模型实现国控断面未来 7 天的水质预测，并研发了水环境风险评估、流域控制单元决策支持、环境容量评估、污染物溯源分析、污染事故应急模拟等决策支撑产品，为流域精细化水污染防治提供有效支持。在一期项目示范基础上，将分阶段建设国家—流域—省级—市级四级水环境质量预测预警体系，在全国范围内逐步提升生态环境监测对水污染防治的决策支撑能力。同年组织全国水质预警业务先行先建的省份开展《水环境质量预测预警技术指南（第一版）》编制工作，以期建立符合我国生态环境监测特色的国家水质预测预警业务体系和技术体系。

环境就是民生，青山就是美丽，蓝天也是幸福。全国环境质量预报队伍将肩负使命，继续以奋发向上的精神面貌，攻坚克难、砥砺前行，用智慧和青春谱写中国环境质量预测预报工作的新篇章。

二、环境应急监测

生态环境应急监测是生态安全体系的重要组成部分，是打好污染防治攻坚战的重要战场，是生态环境损害鉴定评估的重要支撑。2005 年以来，全国生态环境监测系统及时应对数千起突发环境事件，面对重特大突发事件及重大自然灾害，环境监测队伍经受住了急难险重监测任务的考验，有力保障了人民群众生命财产安全，展现出一支“召之即来、来之能战、战之能胜”的生态环境应急监测“铁军”。

（一）环境应急监测业务和技术体系

环境应急监测仪器装备种类基本覆盖。全国32个省级监测站，336个市级监测站环境应急监测设备基本覆盖了有机物、重金属、常规指标、生物指标4大类，包括现场应急设备8 019台（套）、实验室设备1 292台（套），共计9 311台（套）。2013—2017年环境保护部直接调度指导处置387起环境应急事故，环境应急监测设备已基本覆盖其特征污染物。多数省级监测站和重点市级监测站配置了必要的应急车辆、仪器装备和防护器材。

环境应急监测技术体系建设有序开展。2010年，环境保护部发布了《突发环境事件应急监测技术规范》（HJ 589—2010），开展了《环境空气　挥发性有机物的测定　便携式傅立叶红外仪法》等多项应急监测方法的标准化工作。国家水污染防治重大专项、重大科学仪器设备开发重点专项等科研项目研发了挥发性有机物、重金属、大部分常规理化项目以及生物综合毒性等两百余种指标的现场监测方法。2013—2017年环境保护部直接调度处置的387起污染事件，共涉及86种污染物。

环境应急监测预案和演练稳步推进。国家、省、市级环境监测机构分别制定了环境应急监测预案或相关文件，省际、市际环境应急监测协调机制逐渐完善。国家、各省定期举办环境应急监测演练，锻炼了环境监测队伍的快速反应能力，推动了突发环境事件应急监测工作的科学化、程序化和规范化，形成了一支较为专业的环境应急监测队伍。

环境应急监测队伍结构较为合理。全国各省级监测站及地市级监测站共有环境应急监测技术人员4 689名，应急监测专家918名。其中，具有高级以上职称者595名，空气和废气监测专家278名，水和废水监测专家389名，土壤和沉积物监测专家166名，固体废物监测专家92名，生物毒性监测专家11名。通过合理调配，基本能够完成各省辖区内应急监测任务。

（二）重大自然灾害应急

2008年以来，全国先后发生“5・12汶川地震”“4・14玉树地震”“8・8九寨沟地震”等重大自然灾害。面对无情的自然灾害，在艰苦恶劣的条件下，全国环境监测人员不畏艰险、无私奉献，积极支援灾区，肩负保障群众生命健康的使命，挑起防范次生环境污染的重担，全力保障灾区生态环境安全，用辛劳和汗水谱写了许多可歌可泣、可敬可叹的篇章，为灾后救援与重建的画卷增添了浓墨重彩的一笔。

2008年5月12日，四川汶川发生8.0级大地震，国家环境保护总局及时调集全国环境监测力量入川支援，先后调集了3批来自21个省（自治区、直辖市）共计142名技术人员，携带应急监测仪器设备和车辆到四川灾区开展应急监测。应急监测技术人员紧急制定了《四川省“5・12”大地震环境应急监测方案》，并补充制定第二阶段、第三阶段应急监测方案，对监测力量的分布进行了整合，于6月4日实现了灾区监测区域全覆盖和监测指标全覆盖“两个全覆盖”。环境应急监测工作重点为保证灾区饮用水水源安全、流域预警监控、重点污染源监督评价等，坚持每天编制环境质量状况报告并在媒体公布，以稳定社会人心。随着抗震救灾工作逐步转向“灾后重建”，环境应急监测工作也由“应急监测”转为“常态化监测”，6月底开始制定并实施《四川省汶川“5·12”大地震土壤监测环境应急监测方案》，为恢复重建灾区土壤污染防治提供基础数据和信息。整个应急监测期间共取得48万个监测数据，为政府和环保行政主管部门及时掌握灾区环境质量，保障灾区饮用水安全提供了有力的技术保障，也为每个阶段工作部署提供了科学依据，同时也让人民群众睡得安稳、吃得放心、过得踏实。

图 4-18 汶川地震应急监测临时实验室

2010年4月14日，青海玉树发生7.0级地震，青海省环境监测中心站立即组成6人应急监测小组，携带2台监测车和应急监测设备，于当晚20时30分从西宁出发，星夜兼程赶往灾区，于当晚22时上报了第一批监测数据。环境保护部召集监测总站等单位的应急人员组成应急监测小组，于4月16日清晨赶赴重灾区玉树县结古镇，采集分析了巴塘河、巴曲、扎曲等断面的地表水样，进行数据汇总并及时上报日报数据。赶赴灾区的环境监测人员克服环境险恶、条件艰苦和高原反应，陆续对巴塘河、巴曲、扎曲、自来水公司水井、州自来水公司上游等断面和点位定点进行了定时采样，共采集样品78个，上报监测数据349个。其中地表水样品38个，上报数据177个；环境空气样品6个，上报数据6个；地下水样品34个，上报数据166个。实现了监测区域全覆盖，及时保障灾区群众的饮用水安全，为灾区应急处置提供了有力的数据支撑。

图 4-19　玉树地震应急监测人员采集环境空气样品

当前，生态文明建设正值“关键期、攻坚期、窗口期”，面对日益提高的环境应急监测工作要求，全国环境监测人员将以最大限度保障人民群众生命财产安全和生态环境安全为底线，甘于奉献、敢于担当、迎难而上，在突发环境事件应急监测战场，展现特别能吃苦、特别能战斗、特别能奉献的生态环境保护“铁军”风采。

（三）重大环境事故应急

2005 年以来，全国监测队伍以强烈的使命意识，以攻坚的韧劲、克难的拼劲、苦干的实劲，成功监控了“松花江水污染事件”“天津滨海新区爆炸事故”等突发环境事件，用数据全面反映事故发生后的环境质量状况及动态变化，为政府决策、事故处置、稳定民心提供了有力保障。

2005 年 11 月 13 日，中石油吉林石化公司双苯厂发生爆炸事故，造成大量苯类污染物进入松花江水体，引发重大水环境污染事件。在不到 4 个小时的时间里，环境监测部门紧急启动应急监测预案并研究制定了《松花江水污染事故应急监测实施方案》，于位于松花江入省口的肇源站监测断面采出第一个水样。随着松花江污染带的前移，应急监测人员抢在污染带到达各监测断面之前进行了周密部署，从肇源、哈尔滨、木兰、佳木斯、同江到抚远，共设 16 个省控监测断面和临时增设的预警断面和流动监测断面，形成了严密的监测网络。污染带到哪里，监测数据就准确地报送出来，监测部门牢牢地抓住污染带前锋、浓度值和污染带移出位置，掌握了应急监测的主动权。当污染带逼近到距哈尔滨水源地 32km 时，技术人员加大在苏家屯的监测频率，最多时每半小时检测一次，创造性地利用定性监测等措施，密切地捕捉污染带的踪迹。哈尔滨市政府在应对水污染事件的停水公告中，原定于在 11 月 22 日 20 时停水。11 月 23 日 23 时，当环保部门在苏家屯断面检出硝基苯时，准确地推断出污染物到达水源地还有 8 个小时的时间。准确的监测和预报使哈尔滨市停水时间延后了整整 27 个小时。在抗击松花江污染的战斗中，环境监测人员在千里松花江上摆开战场，开辟并启动了 23 个监控断面，出动水质监测采样车 7 000 多台次，行程十几万公里，发布监测数据 3 600 余个，及时准确地为各级政府决策提供了科学依据，为社会稳定和群众饮用水安全提供了坚实的技术保障，完成了"绝不能让一个人喝不上水，也绝不能让一个人饮用污水"的光荣使命。

2015 年 8 月 12 日，天津市滨海新区天津港的瑞海公司危险品仓库发生火灾爆炸事故。事故发生后，天津市环境监测系统全体动员，先后有 400 多名监测技术人员、500 余套设备投入应急监测工作。环境保护部高度重视环境应急监测工作，陈吉宁部长亲自部署，吴晓青副部长多次指示，环境保护部监测司先后调集中国环境监测总站及北京、河北、山东、江苏、河南、辽宁、内蒙古、山西等 8 省市的 180 余名监测专家和技术人员、近百台套监测设备陆续赶赴天津市增援，有效保障了监测数据发布的及时、准确。事故处置期间，监测司和监测总站组织骨干力量开展应急监测工作，截至 9 月 14 日，监测系统共出动监测人员 600 余人、24 800 余人次、应急车辆 100 余辆，动用仪器设备 600 余台套，取得监测数据 36 960 个，出具监测快报 286 期，全面反映了事故发生以来的环境质量状况及动态变化，为政府决策、事故处置、稳定民心提供了有力保障。针对"雨后地面有白色泡沫不宜外出""核心区释放神经毒气""海河大闸出现大量死鱼""事故现场周边区域出现臭味"等社会公众关注的热点问题，在部监测专家组的指导下，监测系统积极应对，第一时间回应，安排仪器设备和技术力量，进入传言事发区采集分析样品，及时将监测数据和分析结果通过媒体向社会公布。这些举措既保障了公众的知情权和监督权，维护了社会稳定，又有效化解了舆论压力，赢得了主动权。

图 4-20　天津港应急监测人员监测环境空气质量

三、重大活动环境质量保障

近年来，为保障重大活动期间“日日天蓝”，空气质量预报已成为一系列保障措施中的重要环节。在2014年南京青奥会、2014年北京APEC峰会、2015年抗战胜利70周年大阅兵、2016年杭州G20峰会、2017年“一带一路”高峰论坛、2017年厦门金砖国家峰会、2018年青岛上合峰会等重大活动空气质量保障中，全国空气质量预报技术骨干奔赴承办城市现场全程参与预报联合会商，从多模式、多角度提供关键预报信息参考，预报工作组全体成员群策群力，以精细预报支持精准施策，有效降低污染程度，圆满完成了各项空气质量保障目标，为彰显大国外交新形象添砖加瓦。

（一）北京APEC峰会环境质量预报保障

2014年11月中旬，亚太经济合作组织（APEC）会议在北京召开，在环境保护部的统一部署下，由监测总站和北京市、天津市、河北省、山东省、山西省和内蒙古自治区环境空气质量预报部门组成的保障小组一起助力“APEC蓝”。

由于会议召开时间在秋冬季，重污染过程是APEC空气质量保障的主要风险。这是空气质量新标准实施以来在北京举办的首次国际重要会议，是空气质量保障的第一场正面战役。为了高效应对可能的重污染过程，有效控制污染形势，京津冀及周边地区大气污染防治协作小组经研究决定对北京、天津、河北、山东四省市分区域、分时段组织实施应急减排措施。这就需要预报组提前提供尽可能准确细致的区域空气质量预报结果，为此，预报员和专家团队成员综合多方面资料，充分讨论、严谨分析。为了实时把握最新的气象和空气质量状况，以确保提供更准确的预报分析结果，预报团队每天工作到深夜，同时每天编写京津冀及周边地区空气质量报告，及时提供空气质量监测和细颗粒物组分分析结果。截至11月12日，共计报送京津冀区域空气质量预报信息16期、全国空气质量形势分析报告4期，参加京津冀及周边区域预报会商16次、专家会商13次。

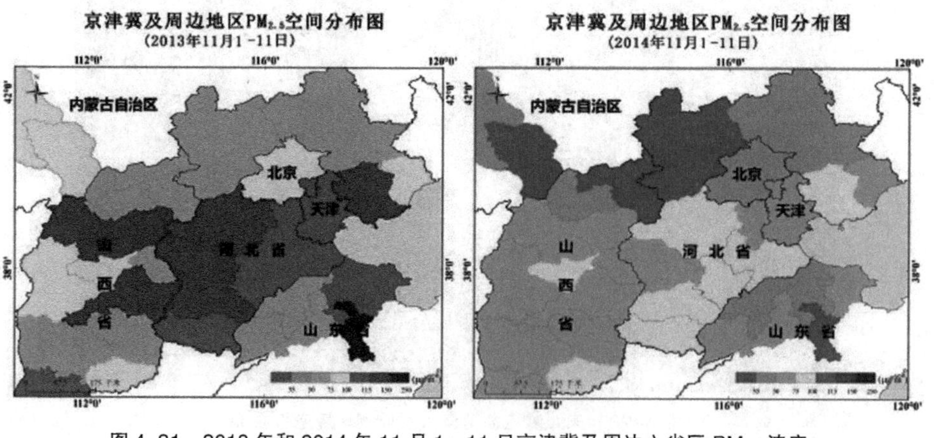

图4-21　2013年和2014年11月1—11日京津冀及周边六省区 $PM_{2.5}$ 浓度

11 月 2 日，根据预报会商结果判断，由于本地污染物排放量大加上区域传输的影响，会议期间可能会出现两次中至重度污染过程。根据预报结果，次日起，重污染过程影响范围内城市实施最高一级重污染应急减排措施。人努力，天帮忙。区域协同减排，加上来自西北方向的小股弱冷空气的帮助，APEC 峰会空气质量保障期间京津冀及周边地区城市空气质量状况同比明显好转，北京市空气质量维持优良，$PM_{2.5}$ 和 PM_{10} 平均浓度分别同比下降 49.5% 和 35.1%，赢得了人人点赞的"APEC 蓝"。

（二）抗战胜利 70 周年阅兵环境空气质量预报保障

2015 年 9 月 3 日，在北京举办了纪念中国人民抗日战争暨世界反法西斯战争胜利 70 周年阅兵式，生态环境监测为"阅兵蓝"贡献了力量。9 月上旬北京处于夏秋转换季节，可能同时受到北部冷空气及副热带高压影响，大气环流条件复杂。2013 年和 2014 年同期，北京均出现轻至中度污染，空气质量保障任务艰巨。

为了同时保障 8 月下旬在北京举办的世界田径锦标赛期间的空气质量，8 月 20 日起，京津冀及周边七省市采取了不同程度的控制措施，加上京津冀及周边地区主要受到偏北气流影响，气象条件较有利于污染物扩散，$PM_{2.5}$ 浓度显著下降。经过预报专家组每日会商推演，当天处于 $PM_{2.5}$ 浓度高值间的"窗口区"，由于天气系统有前移或推迟的可能，阅兵当日有污染累积的风险，尽管前期的减排措施成效显著，阅兵式期间要实现保障目标仍然存在风险。

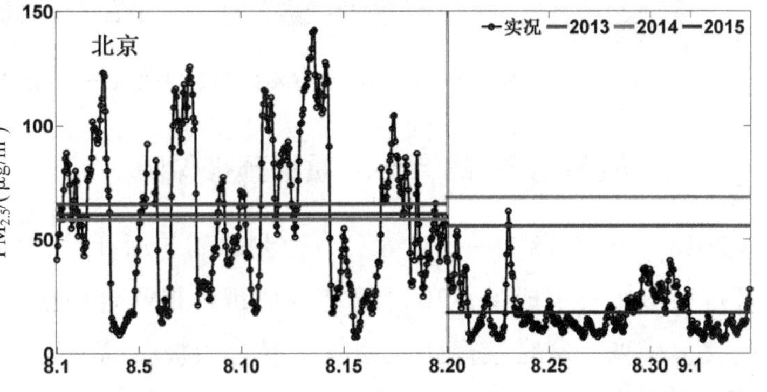

图 4-22 2015 年 8 月 1 日至 9 月 3 日北京市 $PM_{2.5}$ 浓度时间序列及同期均值比较

图 4-23 预报组在北京市环境保护监测中心会商

模拟结果表明，如果不继续采取减排措施，9 月 3 日上午 8:00—12:00 北京地区 $PM_{2.5}$ 浓度将达到 37 μg/m³。为保证阅兵式期间拥有一个美丽的天空，京津冀及周边七省市实施了最严格的管控措施，当天上午 8:00—12:00 北京地区 $PM_{2.5}$ 浓度低至 12 μg/m³，拼出了一个“阅兵蓝”。总体上，保障期间京津冀及周边地区 52 个可比城市平均达标天数比例为 85.5%，与上年同期相比提高 15.5 个百分点，$PM_{2.5}$ 浓度下降 34.0%，区域空气质量显著改善。

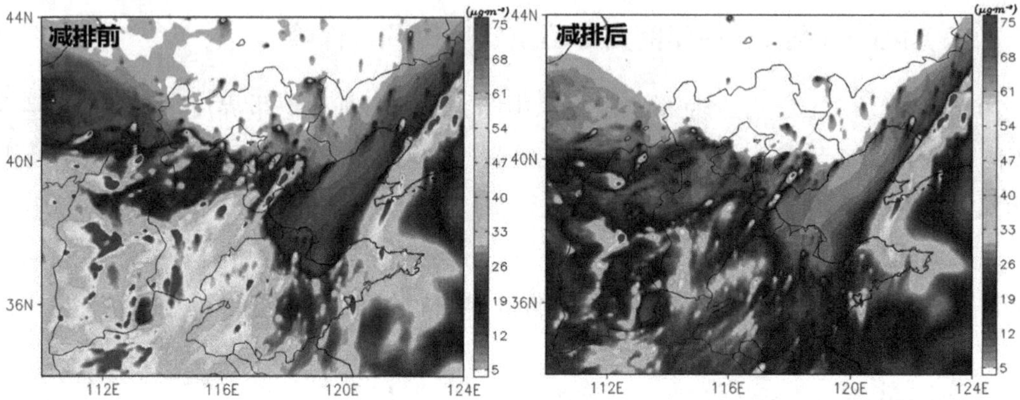

图 4-24　9 月 3 日上午阅兵时段减排前后 $PM_{2.5}$ 浓度模拟结果对比

（三）杭州 G20 峰会环境质量预报保障

2016 年 8 月 18 日—9 月 6 日，监测总站与浙江省、杭州市、江苏省、安徽省、上海市环境监测中心组成了 G20 环境空气质量预报联合预报会商团队。经过多次协调工作会议的反复磋商，联合会商团队建立了联合预报会商分工和团队协作机制，确定了例行内部预报会商和专家组会商形式、内容和流程，保障期间每日开展未来 5 天杭州精细化城市 AQI 范围和首要污染物浓度预报、周边省市空气质量形势预测和中东部空气质量潜势分析，为专家组提供大气污染管控所需的预测预报依据。

图 4-25　G20 峰会空气质量保障监测预报组工作现场

杭州地处工业高度发达的长三角地区，挥发性有机物等大气污染物排放量大，夏秋季节臭氧问题突出。杭州 G20 空气质量保障是第一次在重大活动中开展臭氧预报，经验有限，困难重重。预报团队在保障指挥部的领导下，团队密切合作，缜密分析，充分考虑影响臭氧浓度变化的复杂因素，及时形成预报联合会商结果，为专家组和保障指挥部的污染源管控提供了关键的技术支持。经过多方努力，圆满达成空气质量保障目标。8 月 20 日—9 月 5 日，杭州市空气质量优良天数为 41.2%，$PM_{2.5}$ 连续 8 天处于一级优水平，峰会期间 $PM_{2.5}$ 浓度达到历年来同期最低。长三角及周边 27 个城市 $PM_{2.5}$ 平均浓度为 34 μg/m^3，与上年同期相比下降 21%，区域空气质量得到明显改善，实现了大范围、高水平的“G20 蓝”。

（四）厦门金砖国家峰会环境质量预报保障

2017 年 9 月 3—5 日，金砖国家领导人第九次会晤在福建厦门举行。根据环境保护部工作部署，从监测总站，华南、长三角区域预报中心，和浙江、江苏和江西三个省站抽调具有丰富经验的预报员组建了联合会商预报团队，及时研究编制了《2017 年厦门金砖国家领导人第九次会晤环境质量保障监测预报预警方案》，制定了详细的联合预报会商机制和工作流程，为保障工作做好充分的前期准备。

8 月下旬开始，保障工作进入关键阶段，预报团队每日对会晤期间的空气质量状况及污染物来源进行联合预测分析，及时向当地预报部门发送上百种国家级多尺度数值预报指导产品，有力地支持了保障期间的污染源应急管控工作。

图 4-26 监测总站参加厦门会晤环境质量保障决策会商

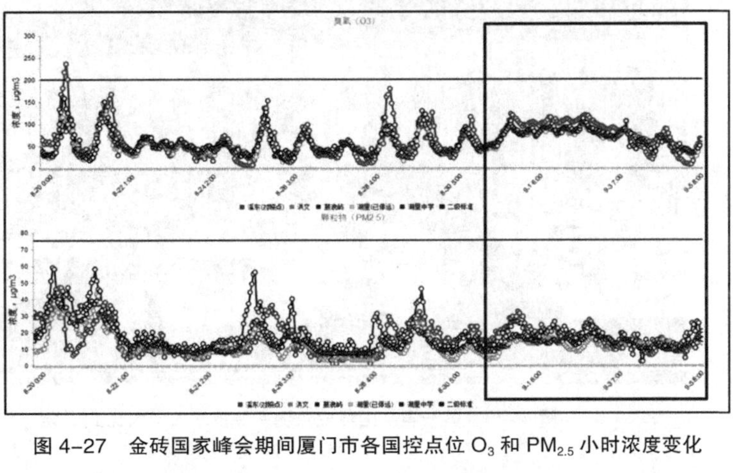

图 4-27 金砖国家峰会期间厦门市各国控点位 O_3 和 $PM_{2.5}$ 小时浓度变化

与北京APEC峰会等保障工作的污染级别范围预报相比，此次金砖会晤保障预报需精确到AQI范围，并且还存在着台风登陆影响范围和程度的不确定性，难度更大，更具挑战性。因此，在本次保障中，首次尝试组织现场联合会商预报团队开展厦门当地的AQI范围预报，充分利用监测总站、两大区域中心以及三个先进省站各具特色的预报方法和经验，对每个成员单位的AQI预报结果进行集成分析。结果表明，联合预报成效显著，在此基础上的污染管控效果明显，得到了各方的高度赞扬。

专栏　大比武

2010年，环境保护部、人力资源和社会保障部、中华全国总工会共同举行了第一届全国环境监测专业技术人员大比武活动（以下简称大比武）。9月24—26日，三部委在京举行大比武决赛，全国31个省（自治区、直辖市）、新疆生产建设兵团和解放军共33支代表队132名选手参加了理论考试和5个项目的实际操作比赛。决出团体奖10名、一等奖4名、二等奖7名、三等奖15名；个人一等奖第1名由全国总工会授予“全国五一劳动奖章”，个人一等奖的4名选手由环境保护部和人力资源社会保障部授予全国环保系统先进工作者的荣誉称号。这次大比武是环境监测系统成立30多年来举行的第一次全国性的比武活动，也是中国第一次在全国范围内举行的专业技术人员参加的比武活动，是我国环保系统有史以来人员调动最多、仪器汇集最多的一次“大战役”。在大比武活动中，各代表队和选手科学严谨，一丝不苟，遵章守纪，顽强拼搏，充分展现了环境监测系统的精神风貌、工作作风和技术水平，对于全面提高中国环境监测人员的综合技术水平和素质能力，具有重要的意义，取得了显著成效。

图4-28　第一届全国环境监测专业技术人员大比武现场

第四章　环境质量考核排名

"十三五"以来，我国环境管理开启了由总量控制到以环境质量改善为核心的转变，"大气十条""水十条""土十条"的相继发布和实施，"十三五"规划新增环境质量指标约束，标志着环境保护阶段和治理要求发生了战略性转变，全面开启了以改善环境质量为目标的环境管理转型。生态环境监测紧紧围绕环境管理需求，把环境质量改善作为生态环境监测工作的根本出发点和落脚点，在建立以环境质量为核心的环境保护目标责任制和考核评价制度等方面做出了卓有成效的工作。

一、环境质量考核目标

"十一五"环境管理以总量约束性考核为主，"十二五"以总量控制为主，并进行了质量管理探索，"大气十条"明确对全国城市空气质量监测数据实时公开并进行排名，以环境质量排名的方式落实城市政府职责，是以改善环境质量为导向的成功经验。"十三五"期间，环境管理开启了以改善环境质量为核心的战略转型；2015 年 10 月，十八届五中全会首次提出将 $PM_{2.5}$ 等环境质量指标纳入约束性控制；"十三五"规划建议强调"加大环境治理力度，以提高环境质量为核心，实行最严格的环境保护制度，将细颗粒物等环境质量指标列入约束性指标"，均体现了环境保护阶段和治理要求发生战略性转变。环境管理战略转型的内核就是把环境质量改善作为环保工作的根本出发点和落脚点，建立以环境质量为核心的环境保护目标责任制和考核评价制度，督促地方政府严守环境质量红线，这种转变符合公众的美好生活需求，也符合环境保护发展规律。

大气、水、土壤三大污染防治行动计划的编制和陆续出台标志着中国环境管理逐步转向以环境质量改善为核心。2013 年 9 月实施的"大气十条"中明确了以改善环境空气质量为核心，以全面改善环境质量作为直接的工作目标，到 2017 年全国空气质量总体改善，力争再用五年或更长时间实现全国空气质量明显改善，把空气质量改善作为大气管理的核心内容，并在考核办法中实施终期考核的质量改善绩效"一票否决"制。2015 年 4 月出台的"水十条"则围绕消除劣Ⅴ类断面和城市黑臭水体、保护饮用水水源地和生态用水，突出强调提升群众身边的民生水的质量，提出到2020年全国水环境质量得到阶段性改善，到2030年水环境质量总体改善。“土十条”从保障农产品和人居环境质量出发实施农用地、建设用地、污染场地土壤分类防治，提出到2020年土壤环境质量总体保持稳定。大气、水和土三个行动计划就是中国环境质量管理转型的行动路线图。此外，国务院印发的《“十三五”生态环境保护规划》也确立了生态环境质量、污染物排放总量、生态保护修复三大领域、10类26项主要指标，并将其中12项具体指标确定为约束性指标，既反映了“三个十条”的核心要求，又从统筹设计、系统管理、强化实施的角度，进一步完善了大气、水、土壤三大要素的“十三五”治理和改善目标。

以改善环境质量为核心的管理思路，使环境治理成效与老百姓的感受更加贴近，让人民群众有明显的获得感；可以更好地调动地方积极性，让地方的环境治理措施更有针对性；可以更好地统筹运用结构优化、污染治理、总量减排、达标排放、生态保护等改善环境质量的多种手段，形成工作合力和联动效应。生态环境监测紧紧围绕以改善环境质量为核心的环境管理需求，在建立和完善生态环境监测制度、统一构建生态环境监测网络、制定科学的环境质量改善的目标和效果评判方法等方面，提供了精细化、科学化环境管理支撑，取得了积极成效。

二、 城市空气质量排名

2012年我国发布了新的环境空气质量标准，环境保护部制定了新标准监测实施三步走方案，第一批74个城市在2012年年底前完成新标准监测能力建设，自2013年1月开始具备了$PM_{2.5}$等六项基本污染物的监测能力。与此同时，国务院印发的“大气十条”中明确了要进行城市环境空气质量排名。

为贯彻落实“大气十条”，保证城市空气质量排名的科学实施，根据环境保护部的统一部署，监测司与监测总站开展了排名方法测算工作，经过评价方法的比选，确定运用综合评价方法对74城市进行排名，出台了《城市环境空气质量排名技术规定》，对排名方法进行规范。2013年1月起，环境保护部根据排名规定，每月对实施空气质量新标准的京津冀、长三角、珠三角等重点区域及直辖市、省会城市和计划单列市共74个城市开展了空气质量排名，每月向社会公开发布空气质量相对较好和相对较差的前10个城市名单。为更好地督促各省市重视空气质量改善工作，2017年2月，环境保护部印发《城市环境空气质量变化程度排名方案》，每半年对空气质量变化程度进行排名。

74个城市空气质量排名实施以来，城市空气质量排名对地方政府的“倒逼”作用逐步显现，京津冀、长三角、珠三角等重点区域$PM_{2.5}$浓度逐年降低，城市间空气质量比、赶、超的良好氛围基本形成，为推动全国空气质量改善和大气污染防治工作发挥了重要作用。除环保部进行的城市空气质量排名外，全国各省也积极进行各自辖区内的城市空气质量排名，推动了省内大气污染防治工作的进行。

在圆满完成《大气污染防治行动计划》的目标后，2018 年 7 月国务院发布《打赢蓝天保卫战三年行动计划》（以下简称《三年行动计划》），提出了城市空气质量排名的要求，并要求对排名范围进行扩大。为贯彻落实三年行动计划的有关要求，加强信息公开和社会监督，推动地方政府切实采取措施改善环境质量。考虑到 74 个城市排名办法在全面性、重点区域完整性等方面已不能满足《三年行动计划》的有关要求，2018 年 7 月，监测司、大气司组织监测总站在分析测算的基础上，综合考虑大气污染程度、防治重点和排名连续性等因素，提出了新的全国重点城市空气质量排名方案。

新修订的全国重点城市空气质量排名方案在排名范围上进行了扩大，由原 74 个城市扩大至京津冀及周边、长三角地区、汾渭平原、成渝地区、长江中游、珠三角等重点区域的地级及以上城市共 169 个，保持了空气质量排名工作的延续性和衔接性。在排名方法上，对空气质量现状排名和变化程度排名的方法均进行了规定，以期每月开展城市空气质量客观排名，每半年开展城市空气质量变化程度排名；在发布内容上，将每月发布当月和当年累积月环境空气质量相对较好的前 20 位城市名单、相对较差的后 20 位城市名单，同时公布各城市空气质量综合指数、最大单项指数、首要污染物名称；每半年发布与上年同期相比的空气质量改善幅度相对较好的 20 个城市和相对较差的 20 个城市名单，同时公布空气质量综合指数及同比变化率。新修订的排名办法兼具延续性、问题导向和客观性原则，既客观反映城市空气质量状况的优劣，又客观反映城市大气污染防治措施的成效，有利于调动地方政府大气污染治理的积极性，为打赢蓝天保卫战提供了及时有效的技术支撑。

三、 水环境质量排名

为了掌握国家重点流域水污染防治专项规划水体的水质情况，为流域水污染防治立法、规划、流域内污染源的治理和考核提供科学依据，建立了水污染防治专项环境质量监测网。

“十一五”期间，监测总站依据《关于印发〈淮河、海河、辽河、巢湖、滇池、黄河中上游等重点流域水污染防治规划（2006—2010）〉的通知》（环发〔2008〕15 号）、《国务院办公厅关于转发环境保护部等部门重点流域水污染防治专项规划实施情况考核暂行办法的通知》（国办发〔2009〕38 号）和《关于印发〈重点流域水污染防治专项规划实施情况考核指标解释（试行）〉的函》（环办函〔2009〕445 号），开展了水污染防治规划水体的 157 个考核断面的水环境质量监测，每月监测 1 次，主要指标为高锰酸盐指数、化学需氧量和氨氮，湖体点位增测总氮和总磷。

“十二五”期间，监测总站依据《关于印发〈长江中下游流域水污染防治规划

（2011—2015）〉的通知》（环发〔2011〕100号）、《关于印发〈重点流域水污染防治规划（2011—2015）〉的通知》（环发〔2012〕58号）和《关于印发〈重点流域水污染防治专项规划实施情况考核指标解释〉的函》（环办函〔2012〕1202号），将监测范围扩展到包括松花江、淮河、海河、辽河、黄河中上游、巢湖、滇池、三峡库区及其上游和长江中下游流域在内的428个考核断面，每月监测1次，河流主要指标为《地表水环境质量标准》（GB 3838—2002）中表1所列除水温、粪大肠菌群之外的21项，湖库增测总氮。

“十三五”期间，监测总站根据《关于印发水污染防治行动计划的通知》（国发〔2015〕17号）和《关于印发〈水污染防治行动计划实施情况考核规定（试行）〉的通知》（环水体〔2016〕179号），为了配合《水污染防治行动计划》的考核和排名，建立了统一的1 940个评价、考核、排名断面的国考断面监测网。实施采测分离的运行模式，每月监测1次，河流断面监测水温、pH、溶解氧、电导率、高锰酸盐指数、化学需氧量、五日生化需氧量、氨氮、总磷、总氮、铜、锌、氟化物、硒、砷、汞、镉、铬（六价）、铅、氰化物、挥发酚、石油类、阴离子表面活性剂和硫化物，湖库点位增测透明度和叶绿素a。

2015年“水十条”颁布，提出各级地方人民政府是实施水环境管理的责任主体，国务院与各省（区、市）人民政府签订水污染防治目标责任书，分解落实目标任务，切实落实“一岗双责”，每年考核结果向社会公布，并作为对领导班子和领导干部综合考评的重要依据。为贯彻落实“水十条”相关要求，在环境保护部的部署下，监测司与监测总站开展了城市地表水环境质量排名相关的方法研究、基础信息核实、断面城市归属、排名结果测算工作，编制了《城市地表水环境质量排名技术规定（试行）》（环办监测〔2017〕51号）。排名规定于2017年由环境保护部印发，明确了环境保护部每年将对全国338个地级及以上城市水环境质量变化情况进行4次排名，即第1季度、上半年、1—9月及全年，分别于4月、7月、10月及次年1月，公布地表水环境质量较好、较差的10个城市及水质改善、恶化程度相对较大的10个城市名单。由于涉及监测事权上收的过渡时期，2017年内部虽进行排名测算，但未公布排名结果。2018年开始，采测分离监测模式稳定运行，手工监测数据质量有了保证，开始按季度对地级及以上城市分别开展城市地表水环境质量状况和城市地表水环境质量变化情况的排名。这项工作对推动地方政府落实改善水环境质量的主体责任、满足公众的环境知情权和监督权提供了重要的技术支持。

专栏　生态红线

为贯彻落实中共中央、国务院印发的《关于划定并严守生态保护红线的若干意见》以及《“十三五”生态环境保护规划》，2017 年 2 月国家生态保护红线监管平台项目可研报告获得国家发展改革委批复，同年 10 月项目初步设计方案和投资概算获国家发改委批复，项目总投资为 2.8625 亿元，土建面积 10 130m^2。为保障项目顺利实施，生态环境部印发了《关于成立国家生态保护红线监管平台项目工作领导小组及其办公室的函》，领导小组由李干杰部长任组长，黄润秋副部长任副组长，翟青副部长任常务副组长，各有关司局和直属单位负责人任成员。领导小组办公室设在监测司，并在卫星中心成立了项目实施管理机构，负责项目的组织管理、审议决策、任务安排和工作部署。领导小组办公室及项目实施管理机构认真贯彻落实部党组要求，紧扣建设“精品工程、绿色工程、廉政工程”总体目标，组建项目专家委员会，发布《项目管理办法》《项目经费管理办法》《项目廉政监督管理办法》等 5 项规章制度，制定 10 余项监理制度，初步形成了项目管理制度体系，全面推进项目信息系统研发和土建工程建设，立足“边建设、边应用、边见效”的要求，扎实推进项目实施各项工作。

图 4-29　国家生态保护红线监管平台项目科研业务大楼奠基开工

第五章　环境监测专项工作

生态环境监测是一项监测要素全面、业务技术体系涵盖广泛的工作，40 多年来，不仅生态环境监测网络发展壮大，环境监测信息产品、预警与应急监测等业务体系不断充实完善；与此同时，环境统计、验收监测、县域考核、仪器适用性检测等专项工作也蓬勃发展，紧紧围绕不同时期的环境管理需求，在提高监测数据质量、说清污染源排放、建立完善的环境质量监测评价与考核制度体系等方面取得了长足的进步，全面支撑和服务环境管理决策。

一、环境统计

环境统计是国民经济和社会发展统计的重要组成部分，主要任务是对我国生态环境状况及保护工作情况进行统计调查、统计分析。环境统计工作开展的 30 多年来，持续为环境管理和科学研究提供了污染物产生、治理和排放等数据信息，广泛应用于环保政策制定、污染防治实施、环境经济核算、环境绩效评估、环境保护投资分析等环境管理重要领域。作为污染物排放数据的重要来源，环境统计也在排污许可证制度、污染物清单编制等工作中发挥重要作用。

（一）环境统计制度不断完善

环境统计包括污染排放及其防治、生态保护、生态环境管理等信息，具有统计涉及面广，综合性、专业性和技术性较强等特点。我国环境统计始于 20 世纪 70 年代。1973 年第一次全国环境保护会议后，各省市环境管理机构和环境监测站相继建立，发展历程大致分为四个阶段。

第一阶段（1979—1990 年）：环境统计制度的建立。1979 年，国务院环境保护领导小组办公室制定了《大中型企业环境基本状况调查卡片》，组织对全国 3 500 多个大中型企业的环境基本状况进行调查，开启了环境统计工作。1980 年 11 月，制定了我国第一个环境统计报表制度。1985 年 4 月，国家环境保护局下发了《关于加强环境统计工作的规定》（环政字〔85〕第104号），这是第一次下发的指导全国开展环境统计工作的纲领性文件。1986年3月，以1985年为基准年进行一次全面系统的工业污染源调查。

第二阶段（1991—2000年）：环境统计管理制度的加强。1991年，由国家环境保护局、农业部、国家统计局联合组织开展了首次全国乡镇工业污染源调查，共调查了57.3万个乡镇工业企业。1995年，国家环境保护局颁布《环境统计管理暂行办法》（国家环保局令　第17号），明确规定环境统计的任务与内容、环境统计的管理、环境统计机构和人员及其职责等。1996年，由国家环境保护局、农业部、财政部、国家统计局联合组织了“全国乡镇工业污染源调查”，调查的基准年为1995年，至1997年年底结束，调查的乡镇工业污染源为121.6万个。1997年，在乡镇污染源调查工作的基础上，环境统计的调查范围增加了乡镇工业企业污染物排放的统计，同时还增加了对社会生活及其他污染主要指标的统计。

第三阶段（2001—2005年）：环境统计制度的改进和完善。2001年，国家环境保护总局制定并执行了“十五”环境统计报表制度，与“九五”相比，“十五”环境统计报表在扩大调查范围、充实调查项目、提高数据质量要求和数据分析利用水平等方面有了改进。2002年，增加了环境统计半年报。2005年9月，国家环境保护总局印发了《关于加强和改进环境统计工作的意见》（环发〔2005〕100号）。系统总结了自环境统计工作开展以来存在的主要问题，对问题产生的原因进行了分析，并提出了“十一五”期间加强和改进环境统计工作的目标和主要任务。该意见为“十一五”环境统计工作的改进奠定了基础。

第四阶段（2006年至今）：环境统计制度的全面提升。2006年，国家环境保护总局在认真分析总结“十五”环境统计工作的基础上，研究并制定了“十一五”环境统计报表制度。2006年11月，国家环保总局发布了修订的《环境统计管理办法》（国家环境保护总局令　第37号），对环境统计内容进行了调整。国务院2007年开展了第一次全国污染源普查工作，旨在把全国污染源的最新情况摸清楚，全面了解环境污染的国情。“十一五”以来国家开始实施主要污染物总量控制，2007年和2013年国家分别发布《国务院批转节能减排统计监测及考核实施方案和办法的通知》（国发〔2007〕36号）、《关于印发“十二五”主要污染物总量减排统计、监测办法的通知》（环发〔2013〕14号）等文件，对主要污染物环境统计工作要求进行了规范。

（二）环境统计管理和技术体系持续发展

1. 环境统计法律法规

中国环境统计工作发展30多年来，相应的法律、规范等不断完善，逐渐形成了一套以《统计法》和《环境保护法》为上位法，涵盖多项行政法规、部门规章制度和规范性文件的法律法规体系。具体指导和规范环境统计工作的部门规章为《环境统计管理办法》，每年环境保护管理部门下发工作通知布置当年的环境统计工作，明确环境统计的重点任务、主要内容和组织方式，细化各级环保部门的统计职责和工作要求。

2. 环境统计管理体制

环境保护行政主管部门归口管理全国环境统计工作，其下属的有关司（办、局），负责本司（办、局）业务范围内的专业统计工作。专项调查报统计处备案，由相关业务司局具体负责相关工作。污染源普查由国务院统一领导，由环境保护部牵头，协同相关部门共同实施。县级以上地方环境保护行政主管部门确定承担环境统计职能的机构，负责归口管理本级环境统计工作。国家级环境统计职能机构设在监测总站，各地环境统计职能机构则存在设置在环境监测站、环境科学研究院（所）、环境信息中心等多种情况。环境统计范围内的机关、团体、企业事业单位作为环境统计的主要调查对象，应指定专人负责环境统计工作。

3. 环境统计直报和报告

环境统计年报。环境统计年报为年度统计，调查范围分为工业源、农业源、城镇生活源、机动车、集中式污染治理设施、环境管理六大类，主要调查内容是各类污染源基本信息、生产活动水平、污染物治理和排放情况。各类源逐级审核报送，由国家进行汇总分析，各级对本地数据进行汇总分析。

国家重点监控企业季报直报。2013 年 9 月，环境保护部下发《关于开展国家重点监控企业环境统计数据直报工作的通知》（环办〔2013〕91 号），标志着环境统计季报直报制度在全国范围内开始试运行。环境统计直报是指调查对象通过网络直接报送环境统计数据，市、省、国家 3 级环保部门通过网络在线逐级完成数据审核和汇总工作的环境统计调查方式。环境统计季报直报的调查对象是国控工业企业和污水处理厂。

环境统计报表制度。统计报表制度包括《全国污染源普查报表制度》《环境统计报表制度》《环境管理统计报表制度》等，经国家统计局审批或备案后，认真组织统计调查。一些地方结合工作实际，制定了本地区生态环境统计规章制度。如新疆维吾尔自治区制定实施了污染源数据统一管理办法，重庆市制定了环境统计年报工作考核评比办法等。其中，环境管理统计报表制度实施年度调查，由生态环境部业务司局负责组织开展相应的调查实施，环境监测司作为统计归口管理部门负责统计制度备案、布置和发布工作。

（三）环境统计业务领域逐步深化

1. 创新业务体系

环境统计开展的 30 多年来，始终围绕环境管理需求，不断改革完善。统计范围逐步扩大，由最初的县及县以上工业源统计调查逐步扩展至所有工业源、农业源、城镇生活源、移动源和集中式源等5类污染源；统计体系不断完善，建立了以污染源普查为基础，定期（年度和季度）污染调查为主要内容、专项调查相补充的环境统计调查体系；统计方法不断优化，确立了重点调查与区域估算相结合的调查方法体系，动态更新了污染物产排污系数体系；调查方式不断改进，环境统计改革了传统纸质填报方式，统计季报和直报均采用了网络直报方式，加强了数据质量控制，提高了数据时效性。

2. 服务管理决策

“十一五”以来，环境统计作为总量减排的基础数据库，为制定总量减排方案、设计总量核算细则、实施总量减排考核等提供了重要的技术支持，每年环境统计为总量减排工作提供了包括工业源（十多万家工业企业）、农业源（十多万家规模化畜禽养殖场）、生活源、机动车和集中式（上万家集中式污染治理设施）的基础数据。同时，污染减排核算思路、核算指标设置、数据质控规则等也较大促进了环境统计报表制度的完善和数据质量的提高。

3. 拓展统计应用

作为环境统计工作的深化应用，根据生态环境部的统一部署，承担了大气污染源排放清单编制业务化的技术支持工作，完成了全国大气污染源排放清单编制与分析系统的开发部署，与清华大学等高校院所合作编制完成了《城市大气污染物排放清单编制工作手册》等技术文件，针对重点城市和区域开展了技术培训，为2016年度“2+26”城市清单编制，为“大气十条”实施、秋冬季重污染天气应急、大气环境质量预测预警等工作提供了数据支持。下一步工作，将融合污染源普查、环境统计等数据资源，编制多尺度、多精度大气源清单产品，加大清单应用，进一步推进清单编制业务化。

4. 提升数据质量

将数据质量作为环境统计的生命线，认真落实中办、国办《关于深化统计管理体制改革提高统计数据真实性的意见》，配套制定了《环境统计技术要求》《环境统计数据审核细则》，建立了统计调查单位自审、地方环保部门逐级审核和生态环境部汇审的工作机制，通过“三上三下”审核整改、抽查检查和现场核查等方式，对统计数据进行反复校核，保障入库数据质量。同时，加强互联网技术在环境统计工作中的应用，积极推行统计数据联网直报，有效保障了统计工作的独立性、规范性。

二、验收监测

建设项目环境保护管理是贯彻环境保护“预防为主”方针的关键性工作，对我国实施可持续发展战略发挥着重要作用。“三同时”制度是我国环境保护政策的八大制度之一，是我国建设项目环境保护管理工作的一项创举，是落实环境保护防治措施、控制项目建成后给环境带来新的污染和生态破坏等的关键。建设项目环境保护竣工验收是建设项目环境保护管理的重要环节，是检查建设项目执行“三同时”制度的最后一道关口，是建设项目竣工环境保护验收的主要技术依据。

（一）验收监测发展历程

1973 年以来，“三同时”制度经历了五个发展阶段。在“三同时”制度实施过程中，建设项目竣工环境保护验收监测作为其核心技术支持力量，对建设项目环评批复、“三同时”要求落实起到了关键作用。建设项目竣工环境保护验收监测起步于 20 世纪 90 年代，是随着我国环境保护“三同时”制度的不断完善逐步发展起来的，可划分为三个阶段。

起步及初步发展阶段（1995—2005 年）。建设项目竣工环境保护验收监测起步于 1995 年，2000 年国家环境保护总局发布了《关于建设项目环境保护设施竣工验收监测管理有关问题的通知》（环发〔2000〕38 号），提出了竣工验收监测的技术规定；此阶段验收监测工作定义为建设项目环境保护设施竣工验收监测，验收监测的内容主要围绕环保设施、外排污染物的达标监测。国家环境保护总局于 2001 年 12 月 27 日颁发了《建设项目竣工环境保护验收管理办法》（国家环境保护总局令　第 13 号），将验收对象调整为建设项目竣工后的全面环境保护验收，明确了应对生态保护等环保措施的落实情况进行核查并验收。验收监测配合验收工作的发展，拓展验收监测内容，增加了物料分析、总量控制等指标，并在环境管理检查中加强了污染源在线监测仪、企业日常监测制度、污染扰民事件检查等内容。

日趋成熟及蓬勃发展阶段（2005—2015 年）。随着经济高速发展，建设项目环境保护管理从“重环评、轻验收”到“两手抓”的转变，建设项目竣工环保验收申请总量及验收率均大幅增长，验收监测工作工作趋于程序化、规范化，技术水平逐步提高，成为环境管理的有力技术支持。2009 年环境保护部发布和实施《环境保护部建设项目“三同时”监督检查和竣工环保验收管理规程（试行）》（环发〔2009〕150 号），验收管理朝着全过程、开放式、联动管理的模式发展，建设项目从环评审批后到竣工试生产整个过程实施全过程管理，多部门参与，各级环保行政主管部门和督察机构全面介入。《环境保护部建设项目“三同时”监督检查和竣工环保验收管理规程（试行）》（环发〔2009〕150 号）的实施，标志着环境保护部建设项目“三同时”管理工作，由末端验收管理为重点，向建设全过程管理发展。为满足新的管理模式的需要，验收监测在环境管理检查过程中，强化了环保初步设计备案、施工期环境监理，以及施工期、试生产期各级环保行政主管部门、各督察机构出具的检查、督察文件的检查，全方位考核建设项目全过程环境管理情况。

全面改革积极转型阶段（2015 年至今）。2015 年 10 月 11 日，国务院发布国发〔2015〕58 号文《国务院关于第一批清理规范 89 项国务院部门行政审批中介服务事项的决定》，“不再要求申请人提供建设项目竣工环境保护验收监测报告（表）或调查报告（表），改由审批部门委托有关机构进行环境保护验收监测或调查”。为落实国发〔2015〕58 号文要求，2016 年 2 月环境保护部发布《关于环境保护部委托编制竣工环境保护验收调查报告和验收监测报告有关事项的通知》（环办环评〔2016〕16 号），自 2016 年 3 月 1 日起，不再要求建设单位提交建设项目竣工环境保护验收调查报告或验收监测报告，改由环境保护部委托相关专业机构进行验收调查或验收监测，所需经费列入财政预算。验收监测启动政府购买服务新模式。

2017 年 7 月 16 日，国务院令第 682 号发布了《建设项目环境保护管理条例》，将建设项目环保设施竣工验收的责任主体由环保部门修改为建设单位，建设单位自主开展竣工环保验收。为贯彻落实新修改的《建设项目环境保护管理条例》，2017 年 11 月 20 日环境保护部发布和实施了《建设项目竣工环境保护验收暂行办法》，规范建设项目竣工后建设单位自主开展环境保护验收的程序和标准。验收监测工作也由政府购买服务转变为建设单位自主实施。

（二）验收监测业务水平持续提高

自 1995 年开展建设项目竣工验收监测工作以来，至今已有 23 年。23 年来，全国监测系统以“内增素质、外树形象、严格管理、强化服务”为指导思想，在各级环境保护管理部门的领导下，不断摸索、不断提高“三同时”验收监测工作水平，使之走向程序化管理、规范化操作，为建设项目竣工环保验收提供了强有力的技术支持。

1. 有力支持建设项目环保验收

1995—2015 年，随着建设项目竣工验收管理力度的不断加强，验收监测项目申报数逐年增加；国家层面承担国家级建设项目竣工环境保护验收监测工作，20 年间共完成国家级验收监测项目 2 212 项，涉及石化、化工、电力、电子、冶金、纺织、制药、建材等众多行业，共编制完成国家级验收监测报告 2 000 余份，其中包括大量重大疑难、公众关注高的建设项目。“十一五”“十二五”期间，随着经济的飞速发展、管理制度的不断加强，建设项目竣工验收监测工作量大幅增加，10 年间共完成国家级验收监测项目 1 786 项，占完成项目总数的 81%。

在高效完成验收监测任务的同时，为保证工作质量，不断完善质量保证体系，采取了两项措施：一是建立技术审核制度，定期召开技术审核会，邀请环境管理、监测技术及行业技术专家对验收监测报告进行审查，保证验收监测报告内容全面、数据准确、结论可靠。自 2009 年起累计召开技术审核会 60 余次，审核项目 1 000 余项；二是开展验收监测质量保证技术研究，包括验收监测现场布点及采样代表性、验收监测工况监控方法、验收监测数据的质量控制等质控关键点的研究，确保“测得准、说得清”。

2. 建立验收监测技术规范体系

全国监测系统积极申报和制定行业验收技术规范，验收监测技术规范基本形成体系，发布实施规范的行业覆盖审批项目的70%左右，其中，监测总站组织制定并由环境保护部发布实施了火力发电、造纸、电解铝、机械制造、黑色金属冶炼及压延、石油炼制、污水处理厂、机场等10个行业的验收技术规范。这些验收技术规范的制定和实施，是验收监测工作标准化、规范化的保障。

2017年，为贯彻落实《建设项目环境保护管理条例》和《建设项目竣工环境保护验收暂行办法》，监测总站负责编制完成了《建设项目竣工环境保护验收技术指南 污染影响类》和《建设项目竣工环境保护验收效果评估技术指南 污染影响类》，支撑改革后全国建设项目验收工作。同时，着手构建总则、环境要素类、专题类、行业类验收技术规范等构成的、完整的建设项目竣工环境保护验收技术规范标准体系，全面指导并规范建设单位开展自主验收，为建设项目验收管理提供技术抓手。

3. 加强验收监测技术交流及培训

通过搭建各种技术交流平台推动全国验收监测工作技术发展。2006—2015年召开了6次全国验收监测技术交流会、1次全国验收监测学术交流会并出版论文集、开展8次全国验收监测交叉检查及调研，针对重点行业、重大疑难项目不定期开展技术研讨，多手段、多途径加强全国验收监测技术交流，有效促进了全国验收监测技术水平的提高。

通过技术培训培养验收监测技术骨干，夯实人才基础。国家层面自2002年开始举办验收监测技术培训班，至2018年7月，共举办72期、培训万余人，覆盖省、市监测站的验收监测业务骨干以及第三方检测机构技术人员。积极拓展培训内容，针对炼油、煤化工、生活垃圾焚烧等重点行业，开展专题培训，剖析行业特点、验收监测关键点；针对各级验收管理人员，开展验收管理培训班。编写并出版验收监测系列教材，包括《建设项目竣工环境保护验收监测培训教材》《建设项目竣工环境保护验收监测实用手册》《验收监测培训教材案例分析》的出版工作也已近尾声，对规范和提升验收监测行为、确保验收监测质量具有重要意义，也为污染源监测技术研究奠定了基础。

（三）适应环境管理新形势积极转型

2015年，验收监测启动政府购买服务新模式，环境监测系统全力配合环境保护部环评司开展改革工作。自2016年3月1日起按照《关于环境保护部委托编制竣工环境保护验收调查报告和验收监测报告有关事项的通知》（环办环评〔2016〕16号）的要求，监测总站全面负责生态环境部验收项目的验收监测报告技术审查、项目环评执行情况的现场核查等工作；并协助完成项目验收监测政府购买服务的相关经费测算、公示、委托等程序；负责入库单位专项技术培训、质量管理等。

2017年，新修订的《建设项目环境管理条例》发布实施，验收由行政许可转变为企业自验。全国验收监测系统认清了新形势；理清了新思路；找准了新定位；明确了发展道路——转变思路，回归政府职能，重构验收监测技术体系规范企业自行验收监测行为；开展企业自行验收监测行为效果评估，推进排污单位提高环境监测数据质量、确保排污单位落实污染治理的主体责任，拓展了验收监测的新领域。国家层面开展了120份第三方验收监测报告的效果评估工作，完成了六省市效果评估分报告和总报告。依托评估结果，探索了建设单位、检测机构监测行为效果评估工作如何服务于环境管理部门的监管职责、如何为依法依规追究企业责任提供技术依据，向监测执法迈出了一小步。

三、县域考核

为贯彻落实党中央、国务院绿色发展理念，推进生态文明建设，引导地方政府加强生态环境保护，加大生态环境保护投入，提高国家重点生态功能区等生态功能重要地区所在地政府的基本公共服务保障能力，财政部制定《中央对地方重点生态功能区转移支付办法》，中央财政于2008年设立重点生态功能区转移支付。从2008年到2018年，国家重点生态功能区转移支付资金从2008年的60亿元增加到2018年的721亿元，累计转移支付资金超过4 400亿元；转移支付的县域数量从最初的300多个增加到2018年的818个。为评估国家重点生态功能区转移支付资金在促进区域生态环境保护方面的效果。2009年，财政部联合环境保护部启动了国家重点生态功能区县域生态环境质量监测评价与考核专项，生态环境监测提供了主要技术支撑。

该项业务发展大致分为三个阶段：①前期研究阶段：2009—2010年，课题组调研国内外生态保护绩效考核方面的研究进展和案例，完成了指标体系和评价方法研究、分析测算及咨询论证，同时也研究建立了监测技术体系。②试点考核阶段：2011年，在22个省份共选取88个县域开展了试点考核评价，全面检验并进一步完善技术与业务体系。③业务化应用阶段：从2012年起，每年针对上一年度转移支付县域开展考核，编制考核报告，考核结果服务于每年的转移支付资金测算与分配。

（一）考核评价指标体系建立与优化

指标体系是该项工作的核心，根据管理需要研究建立了将生态环境保护结果与保护过程评价相结合考核指标体系。主要包括两方面内容，即构建科学合理可行的指标体系，以及科学合理的考核评估方法。指标体系的建立遵循以下几个原则：一是从生态环境整体性特征，按照复合生态系统理论建立；二是注重可行性和经济性；三是具有明确的导向性，达到“以考促保”的效果；四是评估方法符合管理需求，便于管理部门使用。

在国内外可借鉴经验有限的情况下，经充分研究论证，提出了以县域生态环境质量评价为核心，将生态环境保护结果与保护过程相结合的考核指标体系，避免了单纯的生态环境质量指标不能体现地方政府年度生态环境保护工作成效，也为县级地方政府生态环境保护工作提供了具体的明确的导向。其中，生态环境保护结果用县域生态环境质量状况表征，由自然生态指标和环境质量指标两部分组成；保护过程指标体现地方政府在生态环境保护方面开展的工作和取得的成效，诸如自然生态保护与修复、环境污染防治、产业结构优化调整、农村环境综合整治、环境基础设施建设与运行等；此外还将突发环境事件、生态环境违法案件也纳入考核指标。

在考核评价方法上，提出了县域生态环境质量动态变化度的方法，在每个县域考核年和评价年由保护结果和保护过程指标综合获得的评价值基础上，计算动态变化值，并按照动态变化值大小将考核结果分为变好、基本稳定、变差三个等级，同时对变好、变差又细分 3 级。该方法特点是淡化基数、注重变化，自己跟自己比，考核结果直观、简单易懂，便于管理部门使用。

随着国家生态环境管理思路变化以及管理需求变化，指标体系也在不断更新优化，2012—2018 年完成了三次指标体系优化和修订，目前使用的是“十三五”指标体系，用于指导“十三五”期间的考核工作。实践证明，考核指标体系和考核方法是非常有创新性的，在“十五”末期以及“十一五”初期，我国环境管理的理念是污染物减排，对环境质量状况尚未得到足够重视；而将生态状况与环境质量进行综合来表征区域生态环境质量状况更是具有开创性。

（二）县域生态环境监测水平不断提高

随着转移支付县域数量的增加，县域生态环境监测范围从 2012 年的覆盖 451 个县域扩展到目前的 818 个县域，共设有地表水断面 1 700 余个，集中式饮用水源地点位 1 000 多个，空气自动监测点位 948 个、土壤点位 6 200 个。按照考核指标体系，建立了将生态环境统计、环境质量地面监测、卫星遥感与无人机监测多种技术手段相结合的“天—空—地一体化”综合监测技术体系，实现了国家重点生态功能区县域生态环境质量的全覆盖、立体化、动态监测与及时更新，形成了国家重点生态功能区转移支付县域生态环境质量监测网。

从监测组织方式上，由国家和省级共同开展县域生态环境质量监测，其中县域自然生态状况由国家统一开展监测，每年完成一版监测数据。环境质量国控点位 / 断面由国家统一组织监测，其余点位全部定为省控点位，由省级环境保护主管部门根据本省实际组织开展监测，同时负责本省辖区内考核县域环境监测的质量控制工作。国家根据生态环境质量数据变化情况随时组织专家开展现场核查，核实数据变化原因，确保数据可靠性。

从监测工作机制上，根据职责分工建立了“县级自查自报、省级汇总审核、国家考核评价”的工作机制，每年考核工作分为 7 个环节，即开展培训、县级自报、省级审核、国家审核与评价、现场核查、综合考核评估、结果通报。环保、财政两部门先后联合制定印发《国家重点生态功能区县域生态环境质量考核办法》(环发〔2011〕18 号)、《国家重点生态功能区县域生态环境质量监测、评价与考核指标体系》(环发〔2014〕32 号)、《国家重点生态功能区县域生态环境质量监测、评价与考核指标体系实施细则(试行)》(环办〔2014〕96 号)、《关于加强“十三五”国家重点生态功能区县域生态环境质量监测评价与考核工作的通知》(环办监测函〔2017〕279 号)等一系列文件，此外财政部制定印发《中央对地方国家重点生态功能区转移支付办法》，建立国家重点生态功能区县域生态环境质量监测评价与考核制度体系。2012—2018 年，中央财政累计实施奖惩调节的县域有 300 余个，其中仅 2017 年、2018 年两年的奖惩资金就达到 12.5 亿元。

图 4-30 时任环境保护部总工万本太参加国家现场核查

四、环境监测仪器适用性检测

20 世纪 90 年代后期，随着环境保护工作的深入发展，环境监测能力建设得到党和国家的高度重视，国外环境监测仪器大量涌入中国，国产环境监测专用仪器行业也得到了快速发展。环境监测仪器的性能质量决定了监测数据的准确可靠程度，作为确保环境监测仪器符合要求的重要手段，环境监测专用仪器设备适用性检测于 2000 年以后逐步开展起来，成为与环境监测和环境管理密不可分的数据质控措施。

(一)仪器适用性检测发展历程

环境监测要求全过程的质量控制与质量保证，以确保监测数据的质量，而监测仪器的质量是保证监测数据质量的源头。为实施环境监测专用仪器监督检测，1995 年 5 月，国家环境保护局正式批准成立“国家环境保护局北京环境监测仪器质量监督检验中心”（环科〔1995〕268号），并作为监测总站的内设机构，主要业务范围是空气和废气环境监测专用仪器的检测。1998年9月，国家环保总局对各挂牌单位重新进行了调整，规定保留质检中心，更名为“国家环境保护总局环境监测仪器质量监督检验中心”（环发〔1998〕298号），主要业务范围是空气和废气、水和废水等各领域环境监测专用仪器设备的检测。

2001年，国家环境保护总局颁布了《关于加强自动环境监测仪器管理及认定工作的通知》（环发〔2001〕75号），明确为环境执法管理服务和向社会提供环境监测数据的自动监测仪器，经检测合格、通过认定并列入合格产品名录后，方可使用。2003年1月，国务院颁布《排污费征收使用管理条例》（国务院　第369号令），明确规定自动监控仪器必须经国家强制检定。2005年，国家环境保护总局于2005年9月颁布了《污染源自动监控管理办法》（总局　第28号令），进一步明确“自动监控设备中的相关仪器应当选用经国家环境保护总局指定的环境监测仪器检测机构适用性检测合格的产品”。2017年中共中央办公厅、国务院办公厅印发的《关于深化环境监测改革提高环境监测数据质量的意见》第十二条中明确提出，“专门用于在线自动监测监控的仪器设备应当符合环境保护相关标准规范的要求”。

经过多年发展，环境监测专用仪器监督检测从无到有、从小到大，计量认证资质从最初的大流量总悬浮颗粒物采样器等3项产品发展到现在水（含大气降水）和废水监测仪器、环境空气和废气监测仪器、水（含大气降水）和废水采样器、环境空气和废气采样器、监测数据采集设备等五大类44项产品、25项环境监测参数，配备了低浓度SO_2分析系统、微电脑烟尘平行采样仪、低速智能风洞、紫外分光光度计、便携式水质综合测定仪、电感耦合等离子质谱仪、原子吸收分光光度计、傅立叶红外分光光度计、傅立叶红外分析仪、$PM_{2.5}$采样器、百万分之一恒温恒湿滤膜自动称量天平系统等先进的检测仪器和设备，拥有检测场地共3 861m^2。

图4-31　环境空气$PM_{2.5}$检测实验室

（二）多方面支撑环境监测管理

1. 支持“十一五”“十二五”减排工作体系建设

目前在有效期内的废水 COD 自动监测仪器合格产品 65 个，NH_3-N 自动监测仪器合格产品 72 个，废气 SO_2、NO_x 连续在线仪器合格产品 114 个。这些环境监测专用仪器的适用性检测为我国“十一五”以来的环境保护主要污染物 COD、NH_3-N、SO_2 和 NO_x 的总量减排和监测工作提供了重要的技术和仪器保障；为全国各地在线监测仪器的选型、安装、比对提供了必要的技术参考，有效避免了质量差、原理落后和功能无法满足要求的相关仪器进入环境监测网络，为提升我国的整体环境管理水平、提高环境监测能力和确保监测数据质量作出了应有的贡献。

图 4-32　污染源废气在线监测系统现场检测

图 4-33　污染源现场监测

2. 支持我国环境空气监测体系

2012 年，《环境空气质量标准》（GB 3095—2012）发布实施，$PM_{2.5}$ 迅速成为评价环境空气质量的重要监测指标因子。但当时我国缺少 $PM_{2.5}$ 监测数据质量控制的技术规范和体系，导致 $PM_{2.5}$ 监测仪器质量无法评价，仪器选型无规可循，不利于数据质量的保证，无法满足环境管理的需求。同时缺少相关 $PM_{2.5}$ 监测技术教材和统一的技术规范，全国各级监测人员的操作亟待标准化和规范化。

根据管理需求，环境监测专用仪器监督检测相关人员攻坚克难，在大量调研和验证试验的基础上，于 2013 年完成《环境空气颗粒物（PM_{10} 和 $PM_{2.5}$ 连续自动监测系统技术要求及检测方法》（HJ 653—2013）、《环境空气颗粒物（PM_{10} 和 $PM_{2.5}$）连续自动监测系统安装和验收技术规范》（HJ 655—2013）、《环境空气颗粒物（PM_{10} 和 $PM_{2.5}$）采样器技术要求及检测方法》（HJ 93—2013）、《环境空气颗粒物（$PM_{2.5}$）手工监测方法（重量法）技术规范》（HJ 656—2013）等四项国家环境保护标准，并编写《环境空气颗粒物（$PM_{2.5}$）手工监测操作指南》培训教材。通过标准规范建立了基于手工比对的 $PM_{2.5}$ 数据溯源的质控方法，对 $PM_{2.5}$ 连续自动监测系统建立了一套科学有效的质控规范体系。2013 年至今，1 436 个国控点位和省控、市控点位的全部 $PM_{2.5}$ 连续自动监测系统，从全程序质控、手工参比比对测试，到环境保护部组织的飞行检查和交叉检查，均按照上述质量控制规范体系执行，确保了在线监测数据质量和数据溯源，保障了 $PM_{2.5}$ 监测数据的代表性、准确性、精密性、可比性和完整性。目前适用性检测合格的产品已成为我国环境空气质量监测的先决条件。

3. 支撑我国水质重金属监测网络建设

水环境重金属监测作为评价水体达标、水环境重金属污染风险预警的重要数据来源和技术手段，在重金属污染防治工作中具有重要意义。但我国水质重金属在线监测存在排污口取样方式不科学、仪器监测数据的真实性和可靠性存疑、重金属在线监测仪器标准缺乏等问题。

图 4-34 水质重金属在线监测系统检测

以问题为导向，在环境保护部的部署下，监测总站组织完成了《铅水质自动在线监测仪技术要求及检测方法》（HJ 762—2015）、《镉水质自动在线监测仪技术要求及检测方法》（HJ 763—2015）、《砷水质自动在线监测仪技术要求及检测方法》

（HJ 764—2015）、《汞水质自动在线监测仪技术要求及检测方法》（HJ 926—2017）等相关标准，正在修订《六价铬水质自动在线监测仪技术要求》；对水质重金属在线监测系统的安装、调试、验收给出了规范性的技术支持文件，保障了我国水质重金属监测数据的可靠性，对水质重金属监测监控工作给予了有力支持。

（三）引领我国监测仪器产业发展

监测专用仪器适用性检测依据相关的技术条件和技术要求标准，这些标准相当于给各监测仪器生产厂商提出了设计和生产的基本门槛，随技术条件和技术要求标准的不断提高，从而也整体推动了监测仪器的技术水平和监测仪器质量不断发展，最终推动我国国产环境监测仪器行业的健康发展。

监测总站质检中心作为中国环保产业协会环境监测仪器专业委员会的秘书处，成功承办了 2002 年、2004 年以及 2010 年三届中国国际环境监测仪器展览和技术交流会，参展企业均超过 100 家，极大地推动了国内外监测仪器企业的交流；此外，质检中心每年组织召开监测仪器技术交流会，在加强和提高行业整体技术水平同时，质检中心也得到行业的好评。同时，质检中心在全国范围内对环境管理、监测技术以及仪器生产人员就仪器监测原理和标准规范进行培训，加强了各方的交流合作。

图 4-35　环境监测仪器技术交流会

图 4-36　环境监测仪器展览会

监测仪器适用性检测对我国环境监测市场发展起到了引领作用，环境监测仪器市场规模逐步增长，国产仪器生产企业不断壮大。

（四）适应新需求拓展业务领域

十几年来，污染源二氧化硫、化学需氧量以及环境空气质量（二氧化硫、氮氧化物、$PM_{2.5}$等）在线监控体系等标准技术规范的编写以及相关科研课题的研究，为规范全国在线监测仪器的选型、安装、验收、运行和自动监控系统数据有效性考核提供了技术支撑，其中《固定污染源排放烟气连续监测系统质控规范体系建设》项目和《环境污染源自动监控信息传输、交换技术规范》标准项目分别获得环境保护部科技奖三等奖。自2012年以来，监测总站承担的科技部仪器重大专项课题，有力地推动了监测仪器行业整体的研发和技术水平。

随着我国环境监测工作的不断深入，环境管理和市场需求均不断拓展，燃煤电厂超低排放改造被写入政府工作报告，环境空气PM_1试点监测、更为全面科学的水质COD、营养物质监测也对环境监测仪器提出了更新更高的要求。面对新需求，监测仪器适用性检测主动应对，积极开展相关标准的制修订工作和试点监测等工作，目前已完成涉及超低排放的新版《固定污染源烟气（SO_2、NO_x、颗粒物）排放连续监测系统技术要求及检测方法》（HJ 76—2017），在研仪器检测标准11项，涉及固定污染源VOCs在线、便携仪器、固定污染源气态汞在线监测系统、水和废水COD、NH_3-N、六价铬和流量计在线仪器、水污染源在线监测系统安装、验收和运行规范等，并正在进行环境空气PM_1在线监测系统试点监测工作，在我国环境监测数据质量保证和监测仪器发展等方面发挥着重要作用。

第五篇　环境监测技术体系

技术是环境监测的“立身之本”。经过40年的发展，我国的环境监测事业已经形成了与经济发展水平相适应的技术体系。监测人研究并确立了环境空气、地表水、噪声、固定污染源、生态、固体废物、土壤、生物、电磁辐射等9个环境要素的监测技术路线，基本明确了监测技术发展方向；研究制定了环境空气和废气、地表水和废水、土壤、固体废物、近岸海域、噪声、生态等一系列环境监测技术规范和环境监测方法标准，这些标准和规范均由各时期的环境保护主管部门颁布实施，基本实现了环境质量标准和污染源排放标准控制指标的全覆盖；建立了采样、实验室分析、现场监测、自动在线监测、流动车监测和遥感监测等多手段点、线、面、立体空间相结合的监测技术方法，创新提出了环境空气质量预报预警方法技术指南，空气质量预报水平已走在世界前列；研究建立了全国环境监测质控体系，提高监测数据质量，充分发挥数据效用。经过多年努力，环境监测仪器也在向高质量、多功能、集成化、国产化、自动化、系统化和智能化等方面发展。作为生态环境保护的重要支撑，环境监测已从环境保护的“耳目”和“哨兵”逐步转变为环境管理的“顶梁柱”，进入了生态文明建设的主战场，为生态文明建设增添了强大动力。

第一章 环境监测技术路线

“九五”以来，我国环境保护主管部门组织全国有关监测技术人员，立足国情，本着现时需求与长远发展相结合，技术路线完整性与监测手段、方法的多样性相结合的原则，仔细筛选各环境因子的监测指标，认真选择切实可行的监测方法和手段，基本确定了监测技术发展方向，研究并确定了环境空气、地表水、环境噪声、工业污染源、生态、固体废物、土壤、生物等环境要素的监测技术路线。

1994 年，国家环境保护局在《关于进一步加强环境监测工作的决定》（环监〔1994〕142 号）中明确指出，“环境监测实质上是一项政府行为”，“根据我国环境保护工作的需要与国际的要求，研究制定我国环境监测技术路线”。环境监测要履行好其政府行为，必须要统一监测技术路线、统一监测技术规范、统一监测分析方法、统一监测质量管理、统一综合评价标准，切实为环境管理与决策提供科学的技术支持、技术监督和技术服务。2015 年，国务院办公厅发布了《生态环境监测网络建设方案》，提出“统一大气、地表水、地下水、土壤、海洋、生态、污染源、噪声、振动、辐射等监测布点、监测和评价技术标准规范，并根据工作需要及时修订完善。增强各部门生态环境监测数据的可比性，确保排污单位、各类监测机构的监测活动执行统一的技术标准规范。”目前各领域监测技术路线如下：

（一）空气监测采用以空气自动监测技术为主导，连续自动采样—实验室分析为基础，被动式吸收采样技术和可移动自动监测技术为辅助的技术路线。

（二）地表水监测采用以流域为单元，优化断面为基础，连续自动监测分析技术为先导；手工采样、实验室分析技术为主体；移动式现场快速应急监测技术为辅助手段的自动监测、常规监测与应急监测相结合的水质监测技术路线。

（三）固定污染源监测重点城市的重点污染源以自动在线监测技术为主导，其他污染源为自动采样和流量监测同步—实验室分析为基础，以手工混合采样—实验室分析为辅助手段的浓度监测与总量监测相结合的技术路线。

（四）生态监测以卫星遥感和地面监测为主要手段，结合 GIS 和 GPS 技术，构建和完善天地一体化的生态环境监测网络，建立并完善生态环境监测指标体系和评价方法，研究生态变化数学分析模型及变化趋势预测模型，科学评价生态环境状况及预测其变化趋势。

（五）土壤监测以农田土壤监测为主，以菜篮子、污灌区农田为监测重点，开展农田土壤试点监测工作。对全国大型的有害固体废物堆放场周围土壤、污水土地处理区域和对环境产生潜在污染的工厂遗弃地开展污染调查，并对典型区域开展跟踪监视性监测，逐步完善我国土壤环境监测技术和网络技术。

（六）生物监测以生物群落监测技术为主，以生物毒理学检测技术为辅，开展水环境生物监测，逐步拓展大气污染植物监测，巩固现有水生生物监测网，逐步健全全国流域生物监测网络，以达到通过生物监测手段反映环境质量变化规律的目的。

这些要素的监测技术路线，既有其“路线”上的共性，又有其“要素”上的差异；既考虑了全国要求的统一性，又兼顾了地区发展的阶段性；既着眼于当时的实际需要，又预测了未来长远的发展；既立足于国内，又借鉴国外；既阐明了技术路线的科学性，又论证了实施技术路线的可行性，它们共同构成了具有中国特色的环境监测技术路线体系，对于指导新时期监测工作的实践，开创全国环境监测工作的新局面，具有十分重要的现实意义。

2003 年，《中国环境监测技术路线研究》的出版开拓性地系统研究和梳理了环境监测的技术路线。2005 年出版的《中国环境监测方略》系统论述了中国环境监测的发展战略、现代化发展纲要、科技发展纲要、技术路线、技术体系、质量管理、能力建设等监测工作的宏观思路和总体构想，以及生态监测、物理监测、监测仪器发展指南等监测专项的发展规划，为“十一五”乃至更长时期内的环境监测工作提出了基本思路和总体战略。

第二章　环境监测标准规范

40年来，我国环境监测机构系统地完善了各环境要素（包括水、气、海洋、声、固体废物、生态等）和各类（包括标准方法、统一方法、推荐方法及采用的国际标准方法等）现行环境监测标准规范，据统计，目前现行有效的各类环境监测标准规范近700项，立项在研究的标准制（修）订项目200余项，我国已基本构建了标准化、规范化的环境监测分析方法标准与技术规范体系，为环境监测工作的正常开展提供了技术保障。

一、环境监测分析方法体系

20世纪80年代末90年代初，环境监测分析方法突飞猛进。在此期间编制完成了《水和废水监测分析方法》《空气和废气监测分析方法》两部主要文集，这是中国环境监测史上的重要事件之一。1985年，国家环境保护局决定对原《环境监测分析方法》和《污染源统一监测分析方法》进行补充、修订，并以《水和废水监测分析方法》（第三版）、《空气和废气监测分析方法》（第三版）的名称出版。

以《水和废水监测分析方法》一书为例。在其第三版的编写工作中，由监测总站牵头组织全国环境保护部门和各部门环境监测、科研机构以及大专院校等110多个单位、数百位科技人员，经过3年多的共同努力，于1988年出版。2002年，又在第三版的基础上进行修订出版了《水和废水监测分析方法》（第四版）。第四版涉及监测污染物的项目和监测分析方法的内容又有较大幅度的增加，例如第三版涉及的有机污染物为57种，而第四版涉及的有机污染物则达300余种。2003年9月，监测总站牵头组织编写了《空气和废气监测分析方法》（第四版），在第三版的基础上，又增加了许多新的内容，例如空气地面自动监测系统、有机污染物的监测技术与方法、烟尘烟气在线连续自动监测系统等。

二、环境监测技术规范体系

2002年，《地表水和污水监测技术规范》（HJ/T 91—2002）和《水污染物排放总量监测技术规范》（HJ/T 91—2002）的发布为水质监测提供了技术保障。2018 年，出版的《地表水自动监测技术规范（试行）》（HJ 915—2017），在水站自动运行及运行维护等方面提出了更加完善的质量保证与质量控制措施，为建立健全以自动监测为主、手工监测为辅的地表水环境质量监测体系提供了技术支撑，使地表水水质自动监测工作有据可依，可进一步提高地表水环境自动监测数据质量，提升我国水环境质量评价和预警监测能力。

2005 年，发布了《环境空气质量自动监测技术规范》（HJ/T 193—2005）和《环境空气质量手工监测技术规范》（HJ/T 194—2005）等国家统一的空气监测方法规范。2013 年，又修订了《环境空气颗粒物（PM_{10} 和 $PM_{2.5}$）连续自动监测系统安装和验收技术》（HJ 655—2013 部分代替 HJ/T 193—2005）和《环境空气气态污染物（SO_2、NO_2、O_3、CO）连续自动监测系统安装》（HJ 193—2013 部分代替 HJ/T 193—2005），同时发布了《环境空气质量评价技术规范（试行）》（HJ 663—2013）和《环境空气质量监测点位布设技术规范（试行）》（HJ 664—2013），规定了环境空气质量监测网的设计和监测点位设置于调整具体要求、环境空气质量手工监测和自动监测的方法、技术要求以及环境空气质量监测数据的管理和处理要求，空气监测的技术规范体系基本形成。

自 1999 年开始，我国环境监测机构系统开始研究适合我国国情的生态环境监测质量评价技术方法。在扎实的前期研究工作基础上，采用综合指数法，建立了我国生态环境质量评价的指标体系、评价方法及分级标准，2006 年由国家环境保护总局正式颁布《生态环境状况评价技术规范（试行）》（HJ/T 192—2006）。这是我国国内生态环境综合性评价的第一个行业标准，也是县域以上区域综合评价的唯一依据，对我国的生态环境质量评价具有十分重要的指导意义。

2007—2008 年，先后发布了《固定污染源监测质量保证与质量控制技术规范》（HJ/T 373—2007）和《近岸海域环境监测规范》（HJ 442—2008）。2013 年，又制定了《近岸海域环境监测点位布设技术规范》（HJ 730—2014）和《近岸海域水质自动监测技术规范》（HJ 731—2014），规范包括近岸海域环境监测站点位布设、入海污染源监测和近岸海域环境功能区监测评价等内容，近岸海域环境监测技术规范体系逐步完善。

地表水环境质量评价、湖泊富营养化评价、沙尘天气分级评价、噪声环境评价、生态环境质量评价等技术规定陆续出台；空气、水和废水、土壤和沉积物、生物和生态、物理、污染源、固体废物等监测技术规范化程度持续提高，基本实现了环境质量标准和污染源排放标准控制指标的全覆盖，有力地支持了环境监测工作的规范化运行。目前，正在稳步推进空气、地表水、地下水、土壤、生态、噪声等十多项环境要素监测技术规范和技术规定的编制工作，有力地支持了环境监测工作的规范化运行。

三、重大环境监测科研项目

40 年来，全国环境监测机构完成了科技项目近 600 项，获得各类奖项 100 余项，其中国家级奖 10 余项，撰写了各类专业书籍、译著共 200 余部，为高质量地完成环境监测业务工作提供了有力的技术支持。

“十一五”以来，全国环境监测机构系统积极拓展环境监测业务领域，不断扩大环境监测范围，稳步加强环境监测能力建设，逐步提升环境监测技术水平，很好地完成了各项重大环境监测工作，科学分析了环境质量和污染排放状况及其变化趋势，及时完成了多个环境应急监测任务，为环境管理提供了重要的技术支撑。同时，制定了一系列的监测技术标准和规范，出色地完成了大量的监测科研工作，取得了一批在国内外具有相当影响的学术成果。

全国环境监测机构系统紧紧围绕我国重大环境问题，深入探索，勇于实践，积极参与完成重大科研与公益性项目，取得了显著成绩。以《环境背景值研究》《全国粮食与出口食品（六六六、滴滴涕）污染调查与研究》《我国酸雨污染来源、影响及控制对策研究》《中国环境与可持续发展地图集》《履行〈关于持久性有机污染物的斯德哥尔摩公约〉成效评估的环境监测技术方法体系》等为代表的环境监测科研成果，多次获得国家级、省（部）级科学技术奖，达到了国内领先水平。

1982 年开始由国家环境保护局牵头的国家科技攻关项目“环境背景值研究”，这是我国首次开展对土壤和水域两个环境要素进行的环境背景值调查。课题分别被列为国家“六五”“七五”科技攻关项目，前后历时 8 年，其中，“六五”课题涉及的水、土工作面达 122 万 km^2，1 455 个土壤剖面，478 个地下水出露点，采集水、土、沉积物、水生生物和岩石植物等样品 14 680 多个，取得数据 20 多万个；“七五”课题在全国 30 多个省、自治区、直辖市和 5 个沿海城市，41 个土类，4 095 个土壤剖面采集各类样品 1 600 多个，测定出中国土壤 61 个元素背景值，取得了一批达到国际领先水平的研究成果。作为基础资料，环境背景值永久性地应用于国土规划、土地资源评价、环境监测与区划、农业的土地利用、作物施肥、环境医学、地方病防治以及环境科研与环境管理等众多领域。

1994 年由国家环境保护局牵头的中国水环境优先监测研究，科学地建立了符合我国水污染实际的水中优先控制污染物黑名单 15 类 69 种，其中有毒有机物 58 种；研制了配套黑名单的 7 类 23 种组分的有机标准样品，为加强水中有毒有机物污染控制提供了计量基准物质；建立了配套黑名单的 20 个先进实用的监测方法，并从有机污染物监测的特殊性出发，较为系统地提出了有机污染物监测质量保证措施；从强化水中有毒有机物污染控制的目标出发，提出了我国开展优先监测的实施程序。为完善我国水污染控制指标体系和强化对水中有毒有机物污染的控制及水环境管理，提供了科学依据和技术支持。

2005—2008 年开展的中国工程院重大战略咨询项目“三峡库区及其上游水污染防治战略咨询研究”，从保护好长江三峡这盆清水是我们的历史责任角度出发，对三峡库区及其上游地区的环境、经济和社会状况进行了认真研究和综合分析，提出了对策建议，并由中国工程院先后三次向国务院呈报建议报告。国务院有关领导多次作出重要批示，其中的一些建议已经被国务院有关部门和地方政府采纳。

2007 年以来，中央财政设立国家环境保护公益性行业科研专项，“国家环境空气监测背景站点位设置研究”“重点领域环境监测技术体系研究”“重点城市臭氧监测体系研究”等 20 余项环保公益性行业专项课题陆续完成。上述课题研究成果面向国家环保需求，直接为环境管理服务，拓宽了环境监测的领域，引领了环境监测技术进步。

2009 年的“国家水环境监测技术体系研究与示范项目”是国家“水体污染控制与治理”科技重大专项“流域水污染防治监控预警技术与综合示范”主题研究项目之一。本项目共分 8 个课题，总计 60 个参加单位，项目总经费 1.36 亿元。国家水专项“国家水环境监测技术体系研究与示范”项目立足我国流域水环境监测技术体系的充实、完善和提高，针对我国流域水环境监测技术落后，方法缺失，质量管理缺乏顶层设计，系统性不强，缺少在综合管理与决策层面对数据集成、共享、综合分析的业务化平台，水环境遥感业务化关键技术有待突破，监测装备核心技术落后，国产化水平低，保障流域水环境监测网络稳定高效运行的体制机制亟待创新等核心问题，紧紧围绕流域监测业务化平台、监测装备、水环境监测分析方法、质量管理、体制机制五大模块开展技术研发、技术集成攻关研究，通过科研与示范密切结合，研发了一套业务流程完整的符合我国从国家到县四级环境监测部门实际应用需求的“水环境监测信息集成、共享与决策支持平台”，初步形成太湖水环境天地一体化监测能力；建立了水环境监测装备产业技术创新战略联盟，扭转了进口仪器占市场主导地位的局面；推动“国家统一监管、地方监督实施、部门分工协作、单位自测申报、社会中介服务”的新型环境监测监管体制机制的建立；通过监测项目技术成果的集成示范应用，在示范区初步实现了流域水环境监测的“六化”，即分析方法标准化、质量管理规范化、数据平台信息化、仪器设备国产化、技术天地一体化和网络示范业务化。为真实反映流域水环境质量提供系统、丰富的技术手段，为流域水污染物防治和环境管理部门决策提供重要技术支撑。

2012 年以来，开展了京津冀及周边空气质量预报高性能系统关键技术研发与应用课题研究。空气质量预报预警是大气污染防治的重大核心支撑技术。我国区域和跨区域大气重污染频发，污染范围大、浓度高、持续时间长、影响因素复杂，对预报预警提出了难度极高的科技要求。该项目采用系统工程论总体设计，以京津冀及周边区域为建设核心，融合区域空气质量监测数据与高精度污染源清单，集成空气质量数值模拟和高性能计算等先进技术，创新构建“国家—区域—省—重点城市”预报业务体系，建成具有自主知识产权的国家级区域空气质量预报高性能系统，系统准确高、时效性强、稳定可靠。该项目在国际上首次突破空气质量多角度立体解剖和交互式污染物关联快速展示技术，实现全系统一体化管理，获“2015 年度 ArcGIS 最佳应用奖”。经中国环境科学学会环保科技成果鉴定，认为“该研究成果整体上达到国际领先水平”，引领了我国空气质量预报业务跨越式发展。项目成果直接支撑了生态环境部全国和重点区域大气污染预报以及重污染过程预警应急响应，2015—2017 年对京津冀及周边区域 52 次颗粒物重污染过程全部成功预报，重污染影响程度预测准确率接近 80%，为京津冀及周边区域大气污染防治和“京 60”目标实现提供了关键保障。项目成果作为环保部重要成果品牌入选中央“砥砺奋进的五年”大型成就展，并在“首届数字中国建设峰会”被评为“数字中国建设年度最佳实践”。

四、国际交流与合作

近年来，随着我国政府对环境保护事业的日益重视，环境监测的对外合作工作蓬勃发展。1990 年至今，出国访问、考察、学术交流、讲学与培训呈逐年上升趋势。

40 年来，监测总站与美国、加拿大、日本、韩国、朝鲜、德国、法国、英国、比利时、澳大利亚、新加坡、俄罗斯、丹麦、挪威、瑞士等国以及世界银行、亚洲开发银行、欧盟等国际组织均开展了环境监测各个领域的技术交流；与美国、日本、法国、挪威、比利时等国科研机构和技术公司在大气污染物研究、大气污染与人体健康研究、监测分析方法的研究、环境监测信息系统的建设等方面开展了科技合作项目。

1992 年，卫生部将 WHO/UNEP 组织的全球环境监测系统（GEMS）项目转交国家环境保护局，促进了我国环境监测工作与国际接轨。

1998 年，我国参加了东亚酸沉降监测网，重庆、西安、厦门、珠海 4 个城市参加了此项工作，目前这一网络已正式投入运行。

随着我国对外交往的深入和国际地位的不断提升，我国相继批准加入了《关于持久性有机污染物的斯德哥尔摩公约》等一系列国际环境公约。环境履约监测成为我国更好地参与国际事务和决策的重要技术保障。

2006 年 2 月 21 日，国家环境保护总局局长周生贤与俄罗斯自然资源部部长特鲁特涅夫在北京签署了《中华人民共和国国家环境保护总局与俄罗斯联邦自然资源部关于中俄两国跨界水体水质组织联合监测的谅解备忘录》（有效期为 5 年）。根据此备忘录及两国部长会谈时达成的共识，两国组织成立了中俄跨界水体水质联合监测协调委员会和专家组。

从1998年开始，我国始终致力于推动并参与环境合作研究与技术交流，并不断完善合作机制，在沙尘暴的监测预报、过程解析、数据共享等方面取得卓越成效。2018年，中方工作机构荣获中日韩环境合作20年特别贡献奖。

通过30年的探索与实践，我国与国际发达国家的交流与合作，已经从单纯的培训考察交流，进入了真正实质性合作阶段。这些多层次、多领域的合作，更使中国的环境监测走向世界，为世界所知。

专栏 《中国环境监测》中文核心期刊

《中国环境监测》创刊于1985年，是由国家环境保护局主管、监测总站主办的环保科技学术期刊，是全国中文核心期刊、中国科技核心期刊，是美国《化学文摘》、中国核心期刊（遴选）数据库、中国期刊全文数据库收录期刊，是中国学术期刊综合评价数据库统计源、中国科学引文数据库来源期刊，曾获环保部优秀期刊评比一等奖、《CAJ-CD规范》执行优秀奖。

30多年来，期刊的制度和章程不断完善、开本和文种逐渐变更、栏目和内容优化更新，彰显了与时俱进、服务科研的宗旨。1997年，广告经营许可证的申领和办法，标志着期刊向市场化迈进的开始；2010年，集稿件审核和信息查询于一体的采编系统的应用，翻开了编辑部网络信息化建设的崭新一页。

期刊一贯坚持正确的政治方向和出版导向，坚持学术性、专业性与实用性相结合的办刊原则，宣传国家有关环境保护工作的方针、政策、法规，介绍国内外先进的环境管理理念和环境监测技术，交流环境监测科研成果等，是全国环境监测系统技术、业务交流平台。期刊为双月刊，国内外公开发行，发行量每期6000册。全年共出版6期，每双月月末出版，每期刊载稿件20余篇。

近年来，编辑部全面推进规范办刊工作，群策群力、多管齐下，以提高稿源质量为根本，以提升编审水平为抓手，围绕环保热点约稿、组稿，启动网络优先出版等，确保期刊质量稳步提升。期刊最新复合影响因子为1.185，比上一年提高23%；即年指标为0.134，比上一年提高139%；影响因子在学科内69本同类期刊中排第13名。近三年，本刊的影响因子、即年指标和学科排名等指标均得到显著提高。

期刊一贯坚持把社会效益放在首位，重视推进科学技术创新和普及。期刊对环境监测系统内的地方监测站，尤其是县级以下监测单位及偏远地区监测单位定向免费发放，每期发行量为3000余册。

25年来，期刊获得诸多荣誉。1999年，《中国环境监测》在国家环境保护总局首届出版物评比中获得一等奖；2000年，获得中国学术期刊（光盘版）首届评比优秀奖；2001年，入选中国最具影响力的百强科技期刊；2008年，再次入选中文核心期刊和中国科技核心期刊，并被中国期刊全文数据库和中国学术期刊综合评价数据库全文收录；2009年，作为环境保护部选送的期刊参加了国庆60周年环保成果展。

第三章　环境监测仪器装备

环境监测仪器是环境监测获得监测数据的重要手段和基础。环境监测仪器在环境保护管理的整个实施过程中起着举足轻重的作用。40年来，环境监测科研实验设备数量不断翻番，监测仪器种类逐步增加，监测装备日益精良，天地一体化日益完善，环境监测仪器向高质量、多功能、集成化、国产化、自动化、系统化和智能化方面发展。环境监测装备水平不断提高，从传统的化学分析中所使用的玻璃器皿到仪器分析中所使用的各类仪器，都得到了更新和发展。近年来，仪器联用技术、遥感遥测技术等也在环境监测中得到广泛应用。便携仪器的发展则为应急监测提供了有力手段。自动监测设备的发展则满足了对环境状况的实时监测。

一、自动监测仪器

我国的环境监测始于20世纪70年代初，主要是对监测的污染物因子取样后送到实验室进行分析检测，是事后监测，几乎全部手工操作。到80年代末期，引进了数十套环境空气质量自动监测装置和一套水质自动监测装置。但是，由于种种原因，直到90年代中期以后，我国的环境空气质量监测仪器才逐渐得到普及，90年代末期水质自动监测装置才达到规模型安装。10余年来，我国的自动监测系统有了长足的发展。自动监测系统在发展中也吸纳了众多新型技术，能完成各类样品的多项指标检查，自动监测设备也具备了自动采样处理、各项指标含量分析、分析结果记录、信息数据整合等多项功能。环境自动监控系统比传统的手工监测有很大的优势，有利于减轻人们的工作强度，方便开展精细化管理和服务，对提高管理工作水平，提升服务质量也产生了重要影响。而且环境自动监控系统不仅能完成时时监测的任务，同时能对一些重大污染情况作出及时预警，避免重大污染的影响范围增大，通过及时发现污染问题也就能及时对污染问题进行处理。目前自动监测系统分为地表水水质自动连续监测系统、空气自动连续监测系统、污染源自动在线监测系统三类。

（一）地表水水质自动连续监测系统

水质自动监测是依托实验室分析方法发展起来的。20 世纪 80 年代流动注射技术的应用将繁琐的实验步骤自动化，实现了对样品的自动连续分析，使实验室分析的精密度和分析效率大大提高。水质自动监测则是在此基础上通过进一步实现采样步骤的自动化达到对水质连续监测的目的。目前，地表水质自动监测系统能够利用现代化的传感技术，结合自动控制技术以及计算机技术、互联网技术，自动实现无人化的水样采集、处理分析以及判断一体化功能。而且在自动监测设备不断优化后，其所能分析监测的水样指标也在增多，能对监测水样当中的流量速度、水位高低、水样温度、水样酸碱度、水样电导性、水样中蓝绿藻数量、水样浊度以及水样中溶解氧含量等多项参数进行分析。地表水水质自动监测系统能够实现水质的连续监测，达到远程控制的目的，对于重要湖泊河流的断面情况进行实时的掌握，发生重大污染事故能够及时进行预警，有效解决跨区域的河流污染问题，有效保障排污达标情况贯彻落实。同时地表水质自动监测系统还能够为水资源的保护提供监测信息，有效防止水污染。

图 5-1　地表水水质自动连续监测站主要设备

地表水水质自动连续监测系统由以下几部分组成：采水单元、配水单元、分析单元、控制单元、数据采集、处理与存储及基站各单元的控制监控，有线通信和无线通信设备、子站站房及配套设施。主要涵盖的监测因子有：五参数（pH、温度、浊度、电导率、溶解氧）、COD_{Cr}、COD_{Mn}、TOC、NH_3-N、TN、TP、氯化物、氟化物、硝酸盐、亚硝酸盐、氰化物、硫酸盐、磷酸盐、活性氯、BOD、油类、酚、叶绿素 a、金属离子（如六价铬）等。

（二）空气自动连续监测系统

环境空气连续自动监测系统是连续自动监测环境空气中各项指标的实时在线监测仪器，是对各指标进行准确测量、数据发布、质量评价以及了解掌握各指标变化趋势和预警预报的重要工具。我国城市环境空气自动监测系统起步于 20 世纪 80 年代初。从 2000 年开始，国家在城市空气自动监测建设上给予资金支持，空气自动监测系统得到了迅速发展。目前，全国建有环境空气自动监测系统的城市已开展城市环境空气质量日报工作，并以各种途径向社会发布。此外，在部分城市逐步开展了环境空气质量预报工作。

环境空气质量自动监测系统是由监测子站、中心计算机室、质量保证实验室和系统支持实验室等部分组成。一套较完整的空气质量自动监测系统的配置应包括：样品采集器、空气自动分析仪、动态自动校准系统、气象参数传感器、数据采集和传输系统以及条件保证系统、子站和中心站计算机系统等组成。主要涵盖的监测因子有：SO_2、NO、NO_2、NO_x、CO、O_3、PM_{10}、$PM_{2.5}$、气象五参数（包括风向、风速、温度、湿度及压力）等。

（三）污染源自动在线监测系统

随着法律法规的完善，我国对于污染源在线监测系统也越来越重视，污染源在线监测系统在全国各地均已大面积地推行。同时每年政府和企业为在线监测系统都投入了大量的资金。我国污染源监测技术起步初期，采用传统实验室分析监测，不仅无法实现数据共享、远程传输、实时监测，且监测有效性和准确性较差，完全不能应对突发污染事件。污染源监测是污染源监控、在污染度判断的重要手段，环境污染日益严重的大背景下，传统污染源监测手段已无法满足污染源监督和管理需求。污染源在线监测技术的应用不仅提高了监测效率、降低了监测成本，更进一步提高了监测数据的准确性和有效性，实现了连续、及时、准确的污染源监测和污染设施运行情况监测。现场监测中能够自动判断污染源排放是否超标，实现污染源数据远程传输、数据自动分析、警报发送。近些年来，在政府投资和国家政策支持下，我国污染源在线监测技术水平得到了明显提升，已具备一定的污染源在线监测技术研究能力。

（1）水污染源自动在线监测系统

水污染源自动在线监测系统组成包括采样设备、监测仪器、数据采集设备、数据传输设备、通信设备和终端设备。监测设备为污染源现场安装的用于监控、监测污染物排放的化学需氧量（COD_{Cr}）在线自动监测仪、总有机碳（TOC）水质自动分析仪、紫外（UV）吸收水质自动在线监测仪、pH水质自动分析仪、氨氮水质自动分析仪、总磷水质自动分析仪、超声波明渠污水流量计、电磁流量计、水质自动采样器和数据采集传输仪等仪器、仪表。主要监测因子涵盖pH、COD_{Cr}、TOC、氨氮、总磷、六价铬、氟化物等。

（2）固定污染源烟气连续排放自动监测系统

固定污染源烟气连续排放自动监测系统组成包括颗粒物监测子系统、气态污染物监测子系统、烟气排放参数子系统、数据采集、传输与处理子系统等。通过采样和非采样的方式，测定废气中颗粒物的浓度、气态污染物浓度，同时测量烟气温度、烟气压力、烟气流速或流量、烟气含湿量（或输入烟气含湿量）、烟气含氧量（或二氧化碳含量）等参数；计算烟气中污染物浓度和排放量；显示和打印各种参数、图表，并通过数据、图文传输系统传输至污染源监控系统。主要监测因子涵盖：烟（粉）尘、二氧化硫、氮氧化物、一氧化碳、氯化氢、氨、汞等。

（3）城市区域环境噪声在线监测系统

城市区域环境噪声在线监测系统组成包括前端智能仪表、噪声数据管理中心和噪声数据处理中心。系统能够对噪声进行实时监测，并能够将所有数据传回数据处理中心，进行数据处理，数据代表性较强，能够实时反映城市区域环境噪声的现状。

二、实验室通用分析仪器

环境监测实验室仪器装备经过多年的发展，随着社会科学技术的进步、环保要求的提高，以及国家与省、市各级政府不断加大投入，监测仪器的种类、数量越来越多，功能和自动化程度越来越高，仪器设备在环境监测中所起的作用也越来越大。由于计算机技术及应用软件的飞速发展和自动控制技术等在分析仪器中的应用，仪器自动化、智能化、网络化水平不断提高。应用十分广泛的光谱仪、色谱仪等，不仅具有自动取样、自动控制测试、数据处理功能，还具有自校正、自诊断及联网功能。目前实验室通用分析仪器的主要包括以下几个类别：

（1）光谱类仪器。包括可见分光光度计、紫外分光光度计（UV）、荧光分光光度计、火焰光度计、原子吸收分光光度计（AAS）、分子吸收光谱（GMA）、原子荧光分光光度计（AFS）、等离子发射光谱仪、X射线荧光光谱仪、电感耦合等离子体发射光谱仪（ICP-AES/OES）、傅立叶变换红外光谱仪（FIIR）、近红外光谱仪（NIRS）、激光拉曼光谱(RAMAN)、微波等离子体光谱仪(MPT、MIP)、冷原子吸收测汞仪、红外测油仪、COD快速测定仪、非分散红外（NDIR）、化学发光法氮氧化物分析仪、差分吸收光谱（DOAS）等。

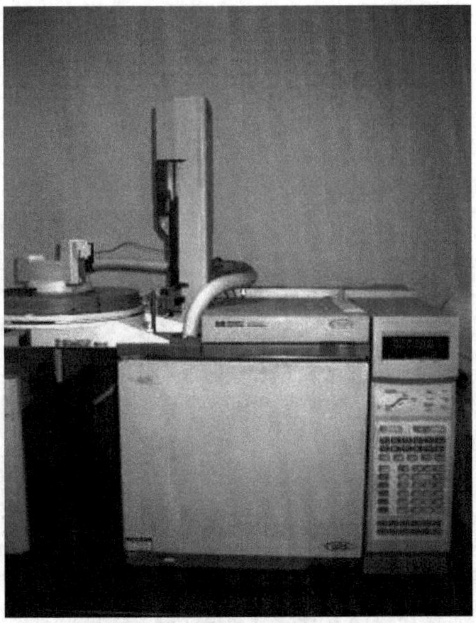

图 5-2　等离子发射光谱仪

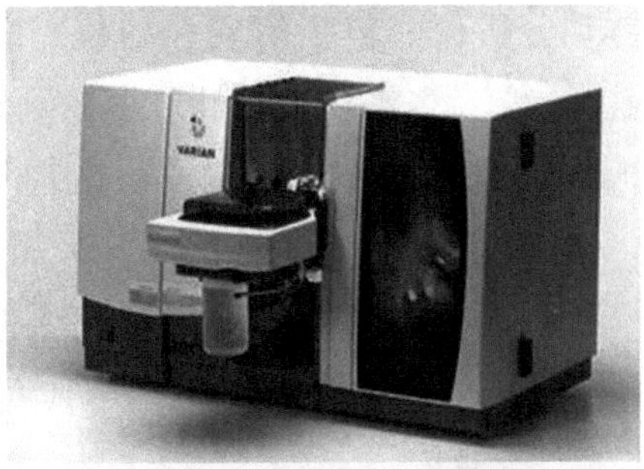

图 5-3　原子吸收分光光度计

图 5-4　可见－紫外分光光度计

（2）化学仪器。包括 pH 计（实验室用）、离子计、电位计、示波极谱仪、库仑仪、阳极溶出仪、电位滴定仪、电导仪、石油产品硫分测定仪等。

（3）色谱类仪器。包括离子色谱仪 (IC)、气相色谱仪 (GC)、便携式气相色谱仪、薄层色谱 (TLC)、凝胶渗透色谱 (GPC)/ 凝胶过滤色谱（GFC）、色谱－富里埃红外光谱联机、高压液相色谱仪、毛细管电泳 (CE) 等。

图 5-5　气相色谱仪

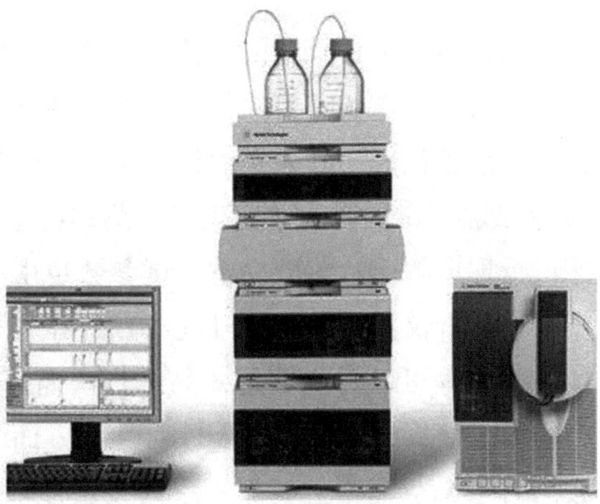

图 5-6　液相色谱仪

（4）质谱类仪器。包括气相色谱 - 质谱联用仪（GC-MS）、液相色谱 - 质谱联用仪（LC-MS）、等离子质谱（ICP-MS）、同位素质谱仪 (Isotope-MASS)、生物质谱 /MALDI-TOF、气溶胶飞行时间质谱等。

（5）自动分析仪。包括流动注射仪、总磷、总氮测定仪、BOD生物膜快速测定仪、便携式余氯测定仪、多普勒流量计、振动测定仪、声级计、径迹蚀刻探测器、测氡仪、计数管型r剂量率仪、汽车尾气检测仪、柴油机排烟黑度监测仪、煤质工业自动分析仪等。

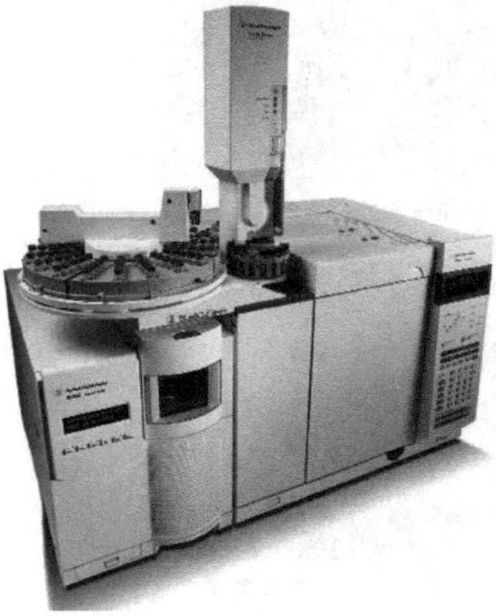

图 5-7　气相色谱—质谱联用仪

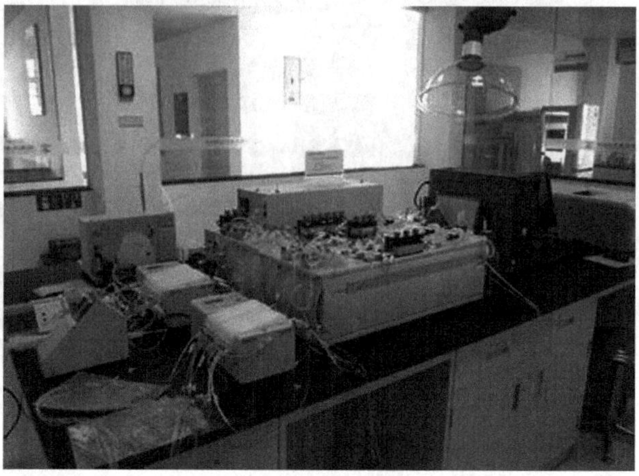

图 5-8　流动注射仪

（6）生物监测仪器。包括细菌检定分类系统、生物发光测量仪、生物显微镜、生化培养箱、体视显微镜、生物样品处理设备及化学成分分析仪器、酶标仪、藻类自动计数仪、叶绿素测定仪等。

三、 现场环境监测仪器

随着微电子、微型传感器、计算机、新材料以及各种高新技术的应用，以及现场监测应急监测工作的需要，很多仪器正在向小型化、便携化和多参数化方向发展。如气相色谱、液相色谱、分光光度计、X射线荧光光谱仪等，体积已大大缩小，有的仅是原来的1/3或1/4，同时为适应现场监测和应急工作需要，出现多种便携式分析仪器，可以快速进行现场测试。监测设备测试参数也由一种发展到多种，提高了设备的应用效率。近年来，分析仪器联用技术日趋成熟，如气相色谱—质谱，液相色谱—核磁共振，液相色谱—质谱等可以对复杂的样品进行快速定性、定量分析。因为现场环境仪器的国产化、精准度、集成性、适应性、针对性等方面都大大增强，加强了环境应急监测能力，使得我国对水、空气、土壤等一系列突发性环境污染的应急监测能力能够提高到更高水平。目前现场环境监测仪器的主要包括以下几个类别：

（1）水质现场监测仪器。主要有便携式pH计、便携式溶氧仪、COD快速测定仪、BOD快速测定仪、基于分光光度计模块的水质单参数及多参数测定仪、离子浓度计（配置不同的模块能够测定不同的阴、阳离子）、重金属便携式检测仪、便携式气相色谱、便携式气质联用仪等。

（2）空气污染现场监测仪器。主要有气态颗粒物监测仪、大气样品采样器、气相参数测定仪、多种气体检测仪、基于 PID 检测器的气体检测仪、基于 FID 检测器的气体检测仪、甲烷检测仪、便携式气相色谱仪及气质联用仪等。

（3）土壤污染现场监测仪器。以 X 荧光为原理的重金属检测仪、油类污染检测仪、放射性污染检测仪、便携式气相色谱仪及气质联用仪等。

（4）生物现场监测仪器。主要有便携式水质毒性分析仪、ATP 荧光微生物（细菌总数）快速检测系统、大肠菌群快速检测系统、叶绿素及藻类检测仪等。

（5）有机物现场监测仪器。主要有水体、空气和土壤样品均适用的，基于气相色谱或者气质联用的便携式仪器以及车载式气相色谱仪；水体、土壤和油状物样品可以适用的有机氯检测仪；基于分光光度计的水体有机指标参数仪，包括单参数仪和多参数仪；基于不同检测器的气体检测仪；有机物采样器，包括水体采样器以及集合气体、固体、液体的综合型采样器；便携式热解析吸附浓缩装置；便携式前处理装置；基于红外或拉曼光谱的有机物定性的便携式仪器。

（6）移动监测平台。包括无人监测船、走航监测车等。无人监测船是一种新型的自动化监测平台，依托小型船体，利用 GPS 定位、自主导航和控制设备，根据监测工作的需要可搭载多种水质监测传感器，以人工遥控或者全自动自主导航的工作方式，在航行过程中可到达水体的绝大部分区域，对水体进行连续性原位监测。该系统可应用于城市内河、近海岸、水库甚至海洋等各种类型水体中的多项水质参数的同步监测。空气质量走航监测车是一种简洁灵活的模块化多参数空气质量连续自动监测系统集成平台。它可以测量 PM_{10}、$PM_{2.5}$、

图 5-9　走航监测车

图 5-10　无人走航船

SO_2、NO_x、CO、气象五参数等，能在尽可能短的时间内，对污染物种类、浓度做出判断。此外，在网格化难以覆盖的区域，或者不需要长期监测的区域可以采用空气质量走航车进行环境常规监测，为执法提供数据支撑，为突发事件进行应急监测。

表 5-1　全国环境监测 - 监测仪器设备情况（2017）

地区名称	环境监测 - 监测仪器设备台套数 / 台（套）	环境监测 - 监测仪器设备原值总值 / 万元
总计	317 138	2 187 981.0
国家级	1 790	74 805
北京	6 734	62 049.7
天津	247	16 892.0
河北	14 612	94 764.4
山西	12 045	63 673.4
内蒙古	14 125	95 267.3
辽宁	17 908	101 621.3
吉林	5 512	36 573.2
黑龙江	6 704	45 693.1
上海	7 116	95 990.2
江苏	11 276	82 783.2
浙江	11 719	102 655.4
安徽	5 865	40 576.3
福建	14 535	87 774.1
江西	7 275	40 491.2
山东	17 589	117 729.8
河南	17 935	119 433.3
湖北	11 299	87 975.7
湖南	11 131	64 534.5
广东	21 663	158 131.7
广西	9 047	63 562.4
海南	2 634	22 086.3
重庆	13 386	64 676.9
四川	26 002	167 399.2
贵州	8 423	50 288.9
云南	14 521	62 989.3
西藏	1 155	6 096.8
陕西	4 136	29 169.1
甘肃	9 958	54 979.4
青海	1 553	8 023.2
宁夏	2 520	19 027.1
新疆	6 723	50 267.6

第四章 环境监测质量管理

数据质量是环境监测工作的底线和生命线，确保监测数据“真、准、全”，才能保证环境监测独立、公正、权威，保障人民群众的知情权与监督权，提高生态环境监测的公共服务能力与政府公信力。提高质量是生态环境监测工作一直遵循的原则和常抓不懈的核心，40 年来，我国环境监测系统不断加强质量管理体系建设。构建全国环境监测质量控制体系，扎实落实监测机构资质认定和技术人员考核制度，大力开展飞行检查、现场比对和体系核查等多种形式的监督检查，严厉打击环境监测弄虚作假行为，落实监测执法；强化环境监测仪器适用性检测，从仪器源头把好数据质量关和市场准入关，加强对监测仪器设备的事中和事后监督；健全环境监测标准规范体系，积极研发环境监测新技术；开展多种形式的监测技术人员培训和交流，加强人才队伍建设，打造环保铁军。形成内外合力、多措并举、各方监督、严厉惩处的机制，使数据造假无处下手、无机可乘、无处遁形。

一、环境监测质控发展历程

20 世纪 70 年代，我国环境监测工作刚起步时，质量管理尚未贯穿于实际监测工作中。20 世纪 80 年代，我国出版了环境监测质量保证和质量控制的相关专著和规范，全国环境监测的质量保证和质量控制工作才开始在环境监测工作中系统实施。20 世纪 90 年代，随着各级环境监测机构的逐步建立以及监测能力的逐步加强和提高，我国开始有组织、较为系统地推进环境监测质量保证和质量控制工作。进入 21 世纪，在全国环境监测技术和能力建设上取得巨大进步，环境监测的质量保证和质量控制也随之发生了根本性的转变，从强调主要监测环节的质控措施转变为贯穿监测全过程的系统性的质量管理。

目前，全国质量控制体系日趋完善，各级环境监测机构建立并运行内部质量管理体系，质量控制与质量保证措施更加有效，监测技术人员经过培训和考核，监测方法标准体系和标准样品体系逐渐完善，环境监测量值溯源与传递技术得到较大发展。同时，在全国生态环境监测体制机制改革的要求下，不断强化外部质量监督检查，坚决打击数据弄虚作假行为。

二、环境监测质控体系

近年来，随着全国生态环境监测网络建设的推进和环境监测改革的深入发展，环境监测质量管理工作面临新的形势和挑战，表现出监测数据社会公信力不高、权威性不够，一些地方甚至出现监测活动受到“人为干扰”的现象。为提升全国环境监测的公正性和权威性，实现“依法监测、科学监测、诚信监测”，监测总站梳理当前我国环境监测质量管理的现状和问题，研究建设架构合理、机制顺畅、监督有效、保障有力的全国环境监测质控体系。

全国环境监测质量控制体系由原环保部统一构建，由国家和地方共同实施。国家环境监测的质量控制体系由环保部指导，监测总站负责建设和管理。地方环境监测的质量控制体系由各省环保厅指导，各省级监测站负责建设和管理，同时接受环保部和监测总站的监督和技术指导。国家质控体系是由国家环境监测质控平台、区域质控中心、环境监测/运维机构组成的三级质量控制体系，实施对国家网监测的质量管理，其中区域质控中心是指东北、西北、华北、华东、华南和西南6个区域质控中心，监测/运维机构是指承担国家监测任务的各级各类环境监测机构，包括环境监测系统内的机构和社会化机构。省级质控体系参照国家质控体系的模式，由省级（地方）环保部门实施对地方网监测的质量管理。

根据原环保部的授权和有关要求，监测总站牵头承担由国家质控平台和区域质控实验室实施的外部监督工作，对地方环境监测质量控制体系的建设和运行进行技术指导。国家质控平台负责开展国家网水、大气、土壤和污染源监测的质量抽查和“双随机”飞行检查，包括委托社会化机构开展的水、大气监测的部分检查工作。区域质控中心负责开展职责范围内的例行监督检查和量值传递工作。

通过加强对各监测/运维机构环境监测质量管理体系建设与运行的有效监管，实现环境监测质量管理体系对各环境要素、监测项目和监测过程的全覆盖，实现国家环境监测数据准确、可比；通过量化、可考核的环境监测质量目标的设置，促进环境监测质量体系的持续改进，推动环境监测数据质量的不断改进与提升。预计到2020年，建成架构合理、机制顺畅、监督有效、保障有力的全国环境监测质量控制体系。监测机构的质量管理体系运行有效、持续改进，全过程质控要求得到落实；环境监测外部质量监督有效实施，形成例行检查、飞行检查和网络在线质控等相结合的质量监督格局；全程留痕的责任追究制度得到贯彻，监测数据真实性终身负责机制得到落实，环境监测质量管理能力建设、科技、制度等保障措施全面提高。全国环境监测的公正性、权威性得到显著提升。

目前正加快开展国家质控平台的能力建设，在华北、东北、西北、华东、华南和西南等地区建设区域质控实验室，支撑全国环境监测质量控制体系。建设区域专用仪器设备适用性检测实验室、国家环境监测量值溯源与传递实验室和环境监测标准规范验证实验室。开展对站房、在线设备的视频监控能力建设，实现全国联网，提高监测原始数据直传直报的能力，从设备、量值和方法等方面保障监测数据质量。已完成6个区域质控中心的环境空气监督核查能力建设。

三、监测执法及监督检查

“十二五”以来，环境监测事权上收改革，中共中央办公厅、国务院办公厅（以下简称两办）连续下发3个环境监测质量相关文件，多次提及生态环境监测质量是生态环境监测工作的生命线的相关概念。然而当前问题丛生，地方不当干预环境监测行为时有发生，相关部门环境监测数据不一致现象依然存在，排污单位监测数据弄虚作假屡禁不止，环境监测机构服务水平良莠不齐，导致环境监测数据质量问题突出，制约了环境管理水平提高。开展外部质量监督检查，对环境监测活动全过程进行动态监控，是落实质量控制、保障数据质量的外部推力，是“严厉惩处环境监测数据弄虚作假行为”，落实监测执法的必要手段。

近年来，环境保护部组织编写了《环境监测数据弄虚作假行为处理办法》及与之配套的《技术判定细则》，环境保护部、监测总站部署开展了一系列形式多样的监督检查活动，包括对环境空气自动监测的监督检查、地表水采测分离的监督检查、水质自动监测的监督检查，以及对环境监测系统内实验室的体系运行检查、对社会化监测机构的检查等。

针对环境空气自动监测站，开展了包括运维体系检查、数据质量监督检查、异常数据检查和双随机检查在内的国家网环境空气自动监测监督检查体系，重点针对运维工作的规范性、数据质量的量化评价、审核中发现的异常数据及其产生原因和人为干扰监测数据等方面开展监督检查工作，综合运用现场检查、远程参数检查、现场质控比对和联机比对等检查方式，及时发现不规范的运维行为、异常偏离的监测项目和人为干扰监测数据行为，保障国家网自动监测数据真实、准确、全面。

为配合国家地表水质量监测事权上收，加强外部监督检查，监测总站制定了外部监督检查工作机制，主要从采测分离和自动监测运维体系的规范性检查、监测数据的准确性评价和防范人为干扰等几方面开展监督检查。充分利用社会化力量，并发挥区域质控中心的作用，共同协作，通力配合，加强对地表水采测分离和自动监测的外部质量监督。检查方式主要是委托社会化机构协助开展例行检查，由区域质控中心组织开展数据准确性评价，生态环境部和总站组织开展质量抽查和“双随机”飞行检查。针对2 050个地表水采测分离断面，开展每月的例行现场检查工作，并对pH、水温、透明度、溶解氧、

图 5-11 惠州沙河口断面采测分离监督检查

电导率和盐度等 6 个现场监测项目开展比对测试。同时，也进行了一些专项检查、已查断面的复查和采样公司实验室管理体系的抽查工作。针对水质自动监测，目前已确定监督检查技术方案，2018 年底将完成监督检查技术服务的采购，2019 年 1 月 1 日将正式开展水质自动监测的监督检查。

为落实两办意见的要求，环境保护部特制订《生态环境监测质量监督检查三年行动计划（2018—2020 年）》（以下简称《行动计划》），针对当前服务生态环境管理的各类生态环境监测活动，包括生态环境监测机构（含社会化监测机构、机动车检验机构）监测质量、排污单位自行监测质量、环境空气和地表水自动监测质量开展监督检查，重点对监测机构质量体系运行规范性、监测数据弄虚作假情况和各类不当干预环境监测行为等开展监督检查。通过实施《行动计划》，到 2020 年，不断健全生态环境监测数据质量保障责任体系，严厉打击不当干预生态环境监测行为，有效遏制生态环境监测机构和排污单位数据弄虚作假现象，形成诚实守信的社会环境和监测氛围，确保生态环境监测机构和人员独立公正开展工作，确保监测数据真实、准确、客观。

严格的监督检查和严厉的打击查处，在环境监测事业发展的关键阶段，集中推动了环境监测质量关键制度的完善、关键问题的解决和关键技术的提升，在推动环境监测质量提升、更好服务环境管理方面取得了显著成效。

四、环境监测计量建标与量值传递

为落实两办意见中关于加强环境监测量值溯源 / 传递工作的要求，以及《中华人民共和国计量法》第二章第七条“国务院有关主管部门和省、自治区、直辖市人民政府有关主管部门，根据本部门的特殊需要，可以建立本部门使用的计量标准器具，其各项最高计量标准器具经同级人民政府计量行政部门主持考核合格后使用”的要求，监测总站于 2017 年上半年依照《计量标准考核规范》（JJF 1033—2016）的要求启动臭氧建标工作，以保证我国臭氧监测数据可通过总站溯源至国家臭氧计量标准。

为确保建标顺利进行，监测总站开展了一系列技术工作。通过分析作为计量标准的臭氧标准参考光度计（SRP-59）的组成和测量原理，总结了影响 SRP-59 测量的各个关键分量，并通过测试获得了各个关键分量的不确定度。在此基础上，合成计算了 SRP 测量的标准不确定度和扩展不确定度，该项技术工作获得了建标专家的认可。

此外，监测总站完成了对 SRP-59 测量重复性、稳定性的评价与校准结果的验证，并通过与中国计量院的量值比对保证了 SRP-59 与社会公用计量标准量值的等效性。在技术工作的基础上，监测总站编制了建标申请和技术报告，并于近期通过全国计量标准考核委员会组织的技术考核，成功建立臭氧气体分析仪检定装置环境保护部部门最高计量标准，从源头上保证了我国臭氧监测数据的准确性和可溯源性。

五、环境监测机构资质认定与能力评价

近几年来，我国环境监测行业发展迅速，《检验检测机构资质认定评审准则》已经不能完全体现环境监测领域的工作特点，难以据此开展有针对性的环境监测机构的资质认定评审工作。因此，监测总站（国家行业评审组）受国家认监委和环境保护部监测司委托于 2018 年 2 月开展《检验检测机构资质认定　生态环境监测机构评审补充要求》的编写工作，力图在国家层面上统一环境监测机构资质认定的规范化管理。保障环境监测机构的检验检测数据的真实、准确、可靠。目前已完成《检验检测机构资质认定　生态环境监测机构评审补充要求》审定稿。

目前全国环境监测类机构通过资质认定实验室约 5 000 家，系统内实验室 2 775 家基本通过实验室资质认定。国家级实验室资质认定采取行业评审的方式进行，目前环保评审组由生态部环境监测司统计（质量管理）处分管，日常工作由监测总站环境监测质量管理室承担。截至 2017 年底，环保行业评审组管理国家级资质认定的实验室共 63 个，其中：环境监测类 36 个，辐射环境监测类 21 个，科研院所类 6 个。所申请的类别主要有以下 17 类：水（含大气降水）和废水、环境空气和废气、土壤和水系沉积物、固体废物、煤质、海水、海洋沉积物、生物、生物体残留、机动车排放污染物、噪声、振动、室内空气、电磁辐射、电离辐射、室内装饰装修材料中有害物质、油气回收。每年环保评审组受理大约 30 个实验室的评审工作，同时要办理约 100 个单位

图 5-12　山东省站资质认定评审的实验室检查

（次）的名称、人员、标准变更等。目前具有国家级评审员资格的环境类评审员约170人。行业评审组及时组织评审员培训，充分发挥评审员的专业技能，有效开展评审工作。

为贯彻落实两办意见，切实提高监测数据质量，全面了解和掌握我国环境监测实验室的技术能力和质量管理水平，持续监督各实验室质量管理体系的有效性，自2011年开始每年连续组织开展全国环境监测系统实验室能力考核活动。随着能力考核工作的逐步开展，国家环境监测体制改革以及环境监测事权上收，考核范围不断扩大，考核内容和方式不断丰富完善。随着监测技术的不断发展，能力考核中的监测方法也由传统单一的监测方法向多元化方法发展，在很大程度上提高了各单位参与考核的积极性，同时也一定程度上促进了多种检测方法的同时发展。近年来，能力考核工作逐步走向系统化、程序化、规范化。

六、环境监测人员队伍建设

两办意见要求，采样与分析人员、审核与授权签字人分别对原始监测数据、监测报告的真实性终身负责。环境监测人员的技术水平和从业能力直接影响着环境监测工作的质量，环境保护部对环境监测人员的队伍建设常抓不懈，在人员考核和培训等方面开展了大量工作。

持证考核工作始于20世纪90年代初，监测总站负责开展各省级环境监测站人员的持证上岗考核工作，各省站负责开展辖区内各市级环境监测站人员的持证上岗考核工作。为保障持证上岗考核工作的高质高效开展，监测总站开展了一系列基础性工作，2007年以来制定并发布了《环境监测人员持证上岗考核实施细则》《关于持证上岗考核有关事宜的通知》，制定并修改了《环境监测质量管理手册》《持证上岗考核申请表》及工作用表，规范考核工作，并出版了《环境监测人员持证上岗考核试题集（上册）》。2009年，针对全国环境监测系统持证上岗考核理论考试命题工作中存在的实际问题，监测总站进行了“环境监测人员持证上岗理论考核试题库”的开发，对全面规范环境监测人员持证上岗考核工作、保证理论考试命题的公正性、提高命题覆盖率和工作效率提供了坚实的技术支持。多年来，监测总站不断规范专家管理，形成并不断补充和完善“持证上岗考核专家库”，现在有专家160余名，考核组组长人选27人。目前，除了生态环境系统内部生态环境监测机构的分级持证上岗考核外，随着国家监测事权上收，社会化环境监测机构开始承担国家生态环境监测网的监测任务，监测总站开始向参与国家网监测运维和检测公司的技术人员开展持证上岗考核工作。环境监测技术人员持证上岗考核工作已开展20余年，极大地提高了监测人员监测理论知识水平、操作技能及样品分析能力，有力地支撑着全国环境监测人才队伍建设，是保证国家环境监测网数据质量的重要措施之一。

专栏

环境监测机构历年主要获得科技奖项情况表

序号	课题名称	获奖时间	所获奖项
1	全国粮食与出口食品农药（六六六、滴滴涕）污染调查研究	1985 年	国家科学技术进步二等奖
2	环境背景值调查研究	1985 年	国家计委、科委、财政部、经委表彰
		1986 年	国家环境保护局科技进步一等奖
		1987 年	国家科技进步三等奖
3	国家环境信息管理系统开发与研究	1986 年	北京市科技进步二等奖
		1986 年	北京地区优秀软件二等奖
		1986 年	全国计算机应用展览三等奖
4	毛细管柱气相色谱—傅立叶红外光谱联机实用技术的开发与研究	1986 年	国家环保局科技进步二等奖
5	《新镉试剂双波长分光光度法测定 PPB 级痕量镉》	1987 年	安徽省科学技术协会优秀论文三等奖
6	《环境水质监测质量保证手册》编制研究	1988 年	全国优秀科技图书二等奖
7	环境水样保存和预处理研究	1989 年	武汉市科技进步三等奖
8	标准样品的研制和应用	1989 年	国家环保局科技进步一等奖
9	环境分析新方法开发研究	1989 年	国家环境保护局科技进步三等奖
10	我国酸雨的来源、影响及控制对策的研究	1989 年	国家环保局科技进步一等奖
		1990 年	国家科技进步二等奖
11	《水和废水的监测分析方法》编制研究	1990 年	全国环境科学优秀图书（期刊）一等奖
12	1986—1990 年度环境质量报告书	1990 年	国家优秀环境质量报告书
13	全国工业污染源调查评价与研究	1991 年	国家科技进步二等奖
14	全国大气环境监测优化布点研究	1991 年	国家环保局科技进步三等奖
15	中流量 TSP 采样器研制及与大流量采样器的对比实验	1991 年	国家环保局科技进步三等奖
16	中国土壤环境背景值研究	1991 年	国家计委、科委、财政部颁布集体荣誉证书
		1993 年	国家环保局科技进步一等奖
		1996 年	国家科技进步二等奖

序号	课题名称	获奖时间	所获奖项
17	道路交通噪声控制研究	1991 年	中科院科技进步二等奖
18	长江水系水环境背景值研究	1992 年	中科院科技进步一等奖
		1993 年	国家科技进步三等奖
19	固体废物采样及监测方法研究	1993 年	国家环保局科技进步三等奖
20	石墨管涂层技术在环境监测中的应用	1993 年	国家环保局科技进步三等奖
21	土壤、河流沉积物环境样品库建设及样品存储方法研究	1993 年	国家环保局科技进步三等奖
22	西红柿叶、牛肝两种生物、总氰化物、pH 等十七项水质标准样品的研制	1994 年	国家环保局科技进步三等奖
		1994 年	科技日报绿色科技奖银奖
23	中国水环境优先监测研究	1994 年	国家环保局科技进步二等奖
24	催化快速法测定废水中 COD（及配套速测仪）	1994 年	国家环保局科技进步三等奖
25	七十一项国家环境标准的制定	1994 年	国家环保局科技进步二等奖
26	环境监测 / 环境标准样品	1994 年	中华绿色科技奖银奖
27	有害废物分析测试方法与标准物质研究	1994 年	科技日报绿色科技奖银奖
		1997 年	中国分析测试协会科学技术奖一等奖（CAIA 奖）
		1998 年	国家环保局科技进步三等奖
28	国家环境质量监测信息系统	1995 年	国家环保局科技进步三等奖
29	全国环境监测数据软盘传输统一软件	1996 年	国家环保局科技进步三等奖
30	有害废物无机分析测试方法研究	1996 年	国家环保局科技进步三等奖
31	全国环境监测信息系统	1996 年	全国科技信息系统优秀成果三等奖
32	空气和废气中醛和醛类污染物采样和分析方法研究	1996 年	大连市政府科技进步奖二等奖
33	水和废水中无机污染物新的监测方法研究	1996 年	中国分析测试协会科学技术奖二等奖（CAIA 奖）
34	中国的生态农业	1997 年	国家环保局科技进步二等奖
35	中国东部沿海地区 21 世纪资源与环境战略	1997 年	国家环保局科技进步三等奖
36	《水和废水的监测分析方法及指南》编制研究	1998 年	国家环保局科技进步二等奖
37	环境空气质量标准的修订	1998 年	国家环保局科技进步三等奖
38	城市区域空气污染预报研究—沈阳市空气污染综合指数预报	1998 年	国家环保局科技进步三等奖

序号	课题名称	获奖时间	所获奖项
39	《空气和废气监测分析方法》编制研究	1999 年	国家环保局科技进步三等奖
40	《中国环境与可持续发展地图集》编制研究	1999 年	国家环保局科技进步三等奖
41	污水综合排放标准	1999 年	北京市科技进步三等奖
42	污染物总量控制监测系统关键技术研究	2001 年	重点科技攻关计划“九五”国家优秀科技成果
		2002 年	北京市科学技术奖二等奖
43	中国西部地区生态环境现状遥感调查	2002 年	国家科学技术进步二等奖
44	中东部生态调查与评估	2004 年	环境保护科学技术奖三等奖
45	城市空气污染预报方法及其应用技术研究	2003 年	国家重点环保实用技术（B 类）
		2003 年	环境保护科学技术奖三等奖
46	沙尘暴与黄沙对北京地区大气颗粒物影响研究	2003 年	环境保护科学技术奖三等奖
47	中华人民共和国人口、环境与可持续发展地图集及其电子版编制研究	2004 年	环境保护科学技术奖三等奖
48	空气污染对呼吸健康影响研究	2004 年	北京市科学技术奖二等奖
49	秦皇岛生态环境遥感调查研究	2004 年	河北省科学进步三等奖
50	水质自动检测关键技术及集成化研究	2006 年	吉林省科技进步一等奖
51	生态环境质量评价标准研究	2007 年	环境保护科学技术奖三等奖
52	国家环境安全评估体系研究	2007 年	环境保护科学技术奖二等奖
	大气颗粒物碳质组分测定和单颗粒分析表征	2007 年	环境保护科学技术奖二等奖
53	亚洲棕色云综合影响及我国应对战略研究	2008 年	环境保护科学技术奖一等奖
54	基于遥感的宏观生态监控技术研究	2009 年	环境保护科学技术奖二等奖
55	城镇生活源排污核算体系研究及其应用	2009 年	环境保护科学技术奖二等奖
56	硼污染对男性生殖健康的影响	2009 年	环境保护科学技术奖三等奖
57	中国环境监测总站地表水环境监测空间信息平台	2009 年	环境保护科学技术奖二等奖
58	固定污染源烟气排放连续自动监测质量管理规范体系建设	2010 年	环境保护科学技术奖三等奖
	环境一号小卫星星座及应用关键技术研究	2010 年	环境保护科学技术奖一等奖
	环境一号卫星环境应用系统工程	2011 年	国家科学技术进步奖二等奖

序号	课题名称	获奖时间	所获奖项
59	国家污染源监测数据管理系统	2012 年	环境保护科学技术奖二等奖
60	履行《关于持久性有机污染物的斯德哥尔摩公约》成效评估的环境监测技术方法体系	2013 年	环境保护科学技术奖二等奖
61	固定污染源烟气湿度测量质控方法和连续自动监测关键技术研究	2013 年	环境保护科学技术奖三等奖
	环境空气卫星遥感技术工程化及其应用	2013 年	测绘科技进步奖一等奖
62	生态环境监测与评价技术体系研究及业务化应用	2014 年	环境保护科学技术奖二等奖
63	固定污染源烟气低浓度颗粒物手工采样技术、设备及质控方法研究	2014 年	环境保护科学技术奖三等奖
64	环境质量常规监测数据管理系统框架结构研究	2014 年	环境保护科学技术奖三等奖
	水环境遥感应用工程化处理技术研究与系统实现	2014 年	中国地理信息科技进步奖一等奖
65	国家重点生态功能区县域生态保护绩效评价技术研究与业务化应用	2015 年	环境保护科学技术奖二等奖
66	环境污染事故应急监测关键技术方法与装备研发	2015 年	环境保护科学技术奖三等奖
67	环境监测数据质量控制与评价技术研究	2015 年	环境保护科学技术奖三等奖
68	基于监测数据的废水点源排放总量测算关键技术研究与应用	2016 年	环境保护科学技术奖二等奖
69	湖库水华监测评价与预警关键技术研究及业务化应用	2016 年	环境保护科学技术奖三等奖
70	环境空气颗粒物（$PM_{2.5}$）监测质量控制规范体系建设	2016 年	环境保护科学技术奖三等奖
71	流域水环境监测关键技术与装备研发及应用	2016 年	环境保护科学技术奖三等奖
72	嵌套网格空气质量预报模式（NAQPMS）自主研制与应用	2017 年	国家科学技术进步二等奖

第六篇　环境监测法规制度

环境监测法规制度是环境监测管理的依据，是环境监测事业规范化、标准化发展的重要保障。40 余年来，从 1983 年发布第一个专门的部门规章《全国环境监测管理条例》，到现在以《环境保护法》等 20 余项国家法律为统领，以国务院行政法规和规范性文件为框架，以生态环境部等国务院部门规章和部门规范性文件为主体，以地方性法规、规章与规范性文件为补充，我国环境监测逐步形成了一套完整的环境监测管理相关法律法规、政策和管理制度体系，现已基本形成开展监测、发布信息、应用评价皆有法可依的良好局面。

第一章　环境监测相关法律

我国涉及环境监测的法律多达 20 余部。《环境保护法》作为环境保护基本法，自发布之日起就将环境监测纳入其中，2014 年修订时涉及环境监测的条款由 1 条增至 12 条。2015 年之后制修订的水、气、土污染防治单项法在《环境保护法》的基础上，明确了各要素环境质量与污染物排放监测网络建设要求。此外，自然资源立法及其他相关法律也从不同角度对环境监测进行了补充，"两高"司法解释对部分环境监测违法行为的认定进行了明确。

一、《环境保护法》对环境监测的规定

《环境保护法》源于 1979 年的《环境保护法（试行）》，1989 年正式实施。《环境保护法（试行）》仅将环境监测作为国务院和地方环境保护机构的一项职责提出，未对环境监测提出明确要求。1989 年的《环境保护法》第十一条用专门一条对环境监测进行了规定，但仅此一条涉及环境监测。

2014 年 4 月 24 日，十二届全国人大常委会第八次会议表决通过了《环保法修订案》，被称为"史上最严厉"的《环境保护法》。为了适应新形势下环境保护的需要，强化环境监测对环境保护的支撑作用，解决制约环境监测发展的关键问题，修订后的《环境保护法》加大了有关环境监测的篇幅，进一步明确了环境监测的法律地位，明确了各类责任主体的监测责任，并对违反环境监测行为的罚则进行了明确，使监测行为真正做到了有法可依。《环境保护法》共有 12 条涉及环境监测。

（一）完善环境监测制度

《环境保护法》第十七条规定"国家建立、健全环境监测制度"。环境监测制度是生态环境评价和保护的重要制度。根据《环境保护法》，国务院环境保护主管部门制定监测规范，会同有关部门组织监测网络，统一规划国家环境质量监测站（点）的设置，建立监测数据共享机制，加强对环境监测的管理。有关行业、专业等各类环境质量监测站

(点)的设置应当符合法律法规规定和监测规范的要求。监测机构应当使用符合国家标准的监测设备，遵守监测规范。监测机构及其负责人对监测数据的真实性和准确性负责。

（二）强调建立监测预警机制

《环境保护法》第十八条规定“省级以上人民政府应当组织有关部门或者委托专业机构，对环境状况进行调查、评价，建立环境资源承载能力监测预警机制”、第三十三条“各级人民政府应当加强对农业环境的保护，促进农业环境保护新技术的使用，加强对农业污染源的监测预警”、第四十七条“县级以上人民政府应当建立环境污染公共监测预警机制，组织制定预警方案”。这些表述将监测预警机制的建立实施明确提升到了工作层面，是未来环境监测业务与技术创建的重要内容与拓展方向。

（三）规定企业责任与义务

第四十二条“排放污染物的企业事业单位，应当建立环境保护责任制度，明确单位负责人和相关人员的责任。重点排污单位应当按照国家有关规定和监测规范安装使用监测设备，保证监测设备正常运行，保存原始监测记录。严禁通过暗管、渗井、渗坑、灌注或者篡改、伪造监测数据，或者不正常运行防治污染设施等逃避监管的方式违法排放污染物”。这些表述对企业开展自行监测做出了法律规定，并对自行监测过程中的造假，消极作为逃避监管做出了明令禁止。

（四）加大对违规违法的责任追究与处罚力度

第六十三条、第六十五条、第六十八条分别对企业事业单位和其他生产经营者，环境影响评价机构、环境监测机构以及从事环境监测设备和防治污染设施维护、运营的机构，地方各级人民政府、县级以上人民政府环境保护主管部门和其他负有环境保护监督管理职责的部门等三类主要责任主体违反环境监测相关要求，尤其是伪造、篡改监测数据行为所应承担的法律责任进行了明确规定。

二、污染防治单项法对环境监测的规定

（一）《大气污染防治法》对环境监测的规定

《大气污染防治法》于 1987 年 9 月 5 日由第六届全国人民代表大会常务委员会第二十二次会议通过，1988 年 6 月 1 日起施行，第十八条专门一条对大气环境监测进行了规定。

2015 年 8 月 29 日，第十二届全国人民代表大会常务委员会第十六次会议通过《大气污染防治法》的修订，修订后的《大气污染防治法》于 2016 年 1 月 1 日起施行。《大气污染防治法》作为《环境保护法》通过以后修订的第一部污染防治单项法，是按照《环境保护法》确定的环境保护框架脉络，根据中央提出的加快推进生态文明建设的精神，充分考虑广大人民群众对蓝天白云的向往，对大气污染防治领域进行的全面规定。修订后的《大气污染防治法》有 14 条涉及环境监测。

1. 明确提出组织建设和管理“大气环境质量和大气污染源监测网”的要求

修订后的《大气污染防治法》第二十三条规定：“国务院环境保护主管部门负责制定大气环境质量和大气污染源的监测和评价规范，组织建设与管理全国大气环境质量和大气污染源监测网，组织开展大气环境质量和大气污染源监测，统一发布全国大气环境质量状况信息。县级以上地方人民政府环境保护主管部门负责组织建设与管理本行政区域大气环境质量和大气污染源监测网，开展大气环境质量和大气污染源监测，统一发布本行政区域大气环境质量状况信息。”明确了全国和地方大气环境质量和大气污染源监测网建设与管理的职责分工，并提出统一发布大气环境质量状况信息的要求。如今，我国建有国控环境空气监测站点 1 476 个，省市控环境空气监测站点 2 500 余个，大气重点排污单位近 1.2 万家，已建成世界最大的大气环境质量与大气污染源监测网络。

2. 细化和丰富污染源排放监测要求

第二十四条规定：“企业事业单位和其他生产经营者应当按照国家有关规定和监测规范，对其排放的工业废气和本法第七十八条规定名录中所列有毒有害大气污染物进行监测，并保存原始监测记录。其中，重点排污单位应当安装、使用大气污染物排放自动监测设备，与环境保护主管部门的监控设备联网，保证监测设备正常运行并依法公开排放信息。”细化了对排放工业废气的排污单位的监测要求，并明确提出重点排污单位应当实施自动监测。

第二十九条规定有关部门“有权通过现场检查监测、自动监测、遥感监测、远红外摄像等方式，对排放大气污染物的企业事业单位和其他生产经营者进行监督检查。”第五十三条规定“环境保护主管部门在不影响正常通行的情况下，可以通过遥感监测等技术手段对在道路上行驶的机动车的大气污染物排放状况进行监督抽测。”在常规监测的基础上，新增了遥感监测、远红外摄像等监测手段，丰富了污染源监测的方式，更加满足监督管理的需求。

3. 强化应急预警与风险防控要求

一是明确了重污染天气监测预警和区域联合防控。第九十三条规定，“国家建立重污染天气监测预警体系。”第八十六条规定，重点区域内有关人民政府应当“按照统一规划、统一标准、统一监测、统一的防治措施的要求，开展大气污染联合防治，落实大气污染防治目标责任。”

二是强化了污染源排放风险防控和突发环境事件应急监测要求。第七十八条规定，“排放有毒有害大气污染物名录中大气污染物的企业事业单位，应当按照国家有关规定建设环境风险预警体系，对排放口和周边环境进行定期监测，评估环境风险，排查环境安全隐患，并采取有效措施防范环境风险。”第九十七条规定，环境保护主管部门应当及时对突发环境事件产生的大气污染物进行监测，并向社会公布监测信息。

（二）《水污染防治法》对环境监测的规定

《水污染防治法》于 1984 年制定，于 1996 年进行修正。1984 年和 1996 年的《水污染防治法》均有专门一条对环境监测进行规定。

2008 年，第十届全国人民代表大会常务委员会第三十二次会议通过对《水污染防治法》的修订，修订后的《水污染防治法》中有 5 条涉及环境监测。

2017 年 6 月 27 日，第十二届全国人民代表大会常务委员会第二十八次会议通过《全国人民代表大会常务委员会关于修改〈中华人民共和国水污染防治法〉的决定》，修改后的《水污染防治法》自 2018 年 1 月 1 日起施行。修改后的《水污染防治法》有 15 条涉及环境监测。

修改后的《水污染防治法》关于水环境质量与水污染物排放监测的要求总体思路与《大气污染防治法》关于大气环境质量与大气污染物排放监测的要求相同。其中，水环境质量监测网络建设中增加了会同国务院水行政等部门组织监测网络，同时明确了国家确定的重要江河、湖泊流域的水资源保护工作机构的水环境质量监测职责。

（三）《土壤污染防治法》对环境监测的规定

2018 年 8 月 31 日，第十三届全国人民代表大会常务委员会第五次会议通过《土壤污染防治法》，2019 年 1 月 1 日起施行，其中与环境监测相关的有 18 条。

《土壤污染防治法》关于土壤环境监测制度的规定与大气、水污染防治法总体保持一致。同时考虑到土壤污染防治的特殊性，更加强调多部门的协作，明确了农业农村、自然资源、住房城乡建设、水利、卫生健康、林业草原等相关部门的土壤监测职责。

（四）其他污染防治单项法对环境监测的规定

《固体废物污染环境防治法》《环境噪声污染防治法》《放射性污染防治法》等三项污染防治单项法分别提出建立固体废物污染环境监测制度、建立环境噪声监测制度、建立放射性污染监测制度的有关要求。

三、其他相关法律对环境监测的规定

（一）自然资源立法对环境监测的规定

从20世纪80年代开始，全国人大常委会根据生态保护各领域特点，制定了水法、气象法、海洋环境保护法、农业法、草原法、防沙治沙法、深海海底区域资源勘探开发法、水土保持法、海岛保护法等10余部自然资源保护相关法律。在各类自然资源保护法律中，根据自然资源保护的需要，对相关内容的监测要求进行了规定。包括水文与水环境监测、生态环境气象监测、海洋环境监测、农业环境监测、地质环境监测、林业生态环境监测、水土保持环境监测等。

（二）《环境保护税法》对环境监测的规定

2016年12月25日第十二届全国人民代表大会常务委员会第二十五次会议通过《环境保护税法》，自2018年1月1日起施行。《环境保护税法》中明确应税大气污染物、水污染物、固体废物的排放量和噪声的分贝数的计算方法优先采用监测数据。因此，监测数据对于支撑《环境保护税法》的实施发挥着重要作用。

（三）其他法律对环境监测的规定

《环境影响评价法》规定，建设项目的环境影响报告书应当包括对建设项目实施环境监测的建议。

《计量法》对计量基准器具、计量标准器具和计量检定，计量器具管理，计量监督等内容进行了规定。环境监测过程中所使用的计量器具及其管理应当符合《计量法》要求。另外《计量法》中明确规定，环境监测方面的列入强制检定目录的工作计量器具，实行强制检定。

四、“两高”司法解释对环境监测的规定

2016年，《最高人民法院、最高人民检察院关于办理环境污染刑事案件适用法律若干问题的解释》发布实施，这是1997年《刑法》施行以来最高司法机关就环境污染犯罪第三次出台专门司法解释，是对2013年《关于办理环境污染刑事案件适用法律若干问题的解释》的全面修改和完善。其中与环境监测相关的内容主要有三个方面。

1.“严重污染环境”认定标准中突出对自动监测数据造假行为的惩治。解释中规定重点排污单位篡改、伪造自动监测数据或者干扰自动监测设施，排放化学需氧量、氨氮、二氧化硫、氮氧化物等污染物的，应当认定为“严重污染环境”。这一新增规定，对于有

效防范和依法惩治大气污染犯罪这一社会各界高度关注的顽疾具有重要意义。

2. 明确了破坏环境质量监测系统的定性及有关问题。环境监测数据是环境决策的重要基础。个别地方破坏环境质量监测系统，影响监测系统正常运行，欺骗公众，影响政府公信力，甚至误导环境决策，危害严重。鉴于此，解释中规定，违反国家规定，针对环境质量监测系统实施下列行为，或者强令、指使、授意他人实施下列行为的，以破坏计算机信息系统罪论处：(1) 修改参数或者监测数据的；(2) 干扰采样，致使监测数据严重失真的；(3) 其他破坏环境质量监测系统的行为。从事环境监测设施维护、运营的人员实施或者参与实施篡改、伪造自动监测数据、干扰自动监测设施、破坏环境质量监测系统等行为的，应当从重处罚。

3. 明确了监测数据的证据资格。为加强环境保护行政执法与刑事司法之间的有效衔接，统一相关部门认识，根据刑事诉讼法的相关规定，解释第十二条明确，环境保护主管部门及其所属监测机构在行政执法过程中收集的监测数据，在刑事诉讼中可以作为证据使用。公安机关单独或者会同环境保护主管部门，提取污染物样品进行检测获取的数据，也可以在刑事诉讼中作为证据使用。

第二章　国务院行政法规和规范性文件

长期以来，环境监测没有专门的行政法规，在监测机构建设、职能定位、责任追究等方面缺失法律依据。自2009年以来，环境保护部门积极推进《环境监测条例》的制定，尽管曾一度中止，但始终未曾放弃努力，现已全面重启相关工作。其他涉及环境监测的行政法规有近20项，从不同方面对环境监测进行规定。近年来国务院也发布了一些重要文件，涉及对环境监测的部署。

一、国务院行政法规对环境监测的规定

（一）《环境监测条例》的制定情况

1. 推进情况

1983年7月，原城乡建设环境保护部颁布了《全国环境监测管理条例》，该条例的位阶是部门规章。2007年7月国家环境保护总局颁发了部门规章《环境监测管理办法》。但由于缺乏专门的法律或行政法规对环境监测进行规范，在监测机构建设、职能定位、责任追究等方面一直缺失法律依据。2009年初，“环境监测管理条例”被正式列入2009年国务院二类立法计划（国办发〔2009〕2号）。环境保护部在《环境监测管理办法》的基础上，编制完成了《环境监测条例（送审稿）》，2009年12月18日正式报国务院（环发〔2009〕152号）。2010—2012年，国务院法制办向各部委、各省法制办、有关企事业单位两次征求意见，但终因各部门意见分歧较大，多次协调未果，导致条例就此搁置，没能出台。

党的十八大以来，党中央、国务院高度重视环境监测工作。2015—2017年，中央全面深化改革领导小组连续三年分别审议通过了《生态环境监测网络建设方案》《关于省以下环保机构监测监察执法垂直管理制度改革试点工作的指导意见》《关于深化环境监测改革提高环境监测数据质量的意见》等环境监测方面的改革文件。其中，《生态环境监测网络建设方案》和《关于深化环境监测改革提高环境监测数据质量的意见》都明确提出要

“研究制定环境监测条例”。

2018 年，党和国家机构改革组建生态环境部统一负责生态环境监测工作，要履行好这一职责，需要法规制度的有力保障。因此，重启《环境监测条例》编制，这既是落实中央要求、深化环境监测改革的重要举措，也切实具备了较好的基础，立法的时机和条件都已经比较成熟。

2. 拟解决的主要问题

作为生态环境监测领域的基本法规，生态环境监测条例应坚持问题导向，重点解决当前影响生态环境监测事业发展的突出问题，并在现有生态环境保护法律框架和原则下，对生态环境监测工作内容和现行制度进行系统梳理、有机整合和完善提升，明确生态环境监测工作定位，各类主体的职责、权力、义务，以及相应的法律责任。

（1）生态环境监测概念不明确的问题。当前，对生态环境监测概念没有权威的定义，对于生态环境监测的目的、主体、手段、任务等，各方说法不一致。关于生态环境监测的内涵和外延，没有明确界定。

（2）生态环境监测的法律地位不明确的问题。长期以来，生态环境监测事业发展缺乏上位法支撑，生态监测数据用于考核评估、行政执法、损害鉴定、责任追究等方面的法律效力不明确。生态环境监测站点设施受法律保护的力度不足，擅自侵占、移动、改变、损毁生态环境质量监测设施和污染物排放自动监测设备或干扰站点周边环境的现象屡见不鲜，影响生态环境监测数据的连续性、真实性。

（3）生态环境监测相关方责任义务不明确的问题。各级党委政府、生态环境部门、其他相关部门、各类监测机构、运维机构、监测人员、排污单位、监测设备生产厂商、社会公众等，都与生态环境监测密切相关，且都对生态环境监测工作和数据质量保障负有不同的责任。但是，目前对各方的责任和义务没有明确的法律规定，对违反责任义务行为的惩处手段、措施和力度不够，制约了生态环境监测规范化管理。

（4）生态环境监测数据质量有待进一步提高的问题。当前，地方不当干预生态环境监测行为时有发生，排污单位监测数据弄虚作假屡禁不止，各类生态环境监测机构服务水平良莠不齐，导致生态环境监测数据质量问题比较突出，亟须在法律层面明确生态环境监测管理的相关要求。

（5）生态环境监测市场监管责任主体不明、手段有限、法律依据不足的问题。当前对监测市场的监管主体和责任不明确，监管手段有限，缺少法律依据，特别是社会检测机构市场准入与退出、社会检测服务质量评价与监管、社会检测服务收费标准及管理等相关制度不完善，导致生态环境监测社会化服务乱象丛生。

3. 改革方向

为了适应党和国家机构改革、生态文明管理体制机制改革对生态环境监测的最新布局和要求，应按照以下改革方向制定生态环境监测条例：

（1）贯彻落实党和国家机构改革要求，明确生态环境部统一负责生态环境监测工作。本次国务院机构改革方案中明确提出生态环境部统一负责生态环境监测工作，并且通过机构职能调整，实现了地上和地下、岸上和水里、陆地和海洋、城市和农村、一氧化碳和二氧化碳五个方面监测职能的整合，这将有效解决长期以来部门间生态环境监测职能交叉、重复建设、数出多门等方面的问题。生态环境监测条例应将党中央、国务院对生态环境部统一规划建设生态环境监测网络、统一监测标准规范、统一监测信息发布等要求固化下来，进一步明确生态环境监测机构及人员的法律地位、责任、义务，明确各级党委政府、相关部门对生态环境监测管理职责划分，明确相关部门、监测机构、监测人员、排污单位等对防范和惩治生态环境监测数据弄虚作假的责任。

（2）划清职责边界，规避交叉重复。生态环境监测条例应对生态环境监测业务范围、机构设置、职责职能、质量管理、能力建设、监督检查、数据管理、信息发布、法律责任等方面进行规定。根据党和国家机构改革精神，生态环境监测条例中所涉及的生态环境监测，应聚焦于生态环境部统一负责的环境质量监测（水、气、土、噪声、辐射等）、污染源监测（固定源、移动源、面源等）、生态状况监测（卫星遥感、无人机航测、地面监测等），拟不包括森林、农田、水文等自然资源调查监测，尽量避免各部门间可能产生的意见分歧，减小实际工作中协调难度。对于相关部门涉及生态环境监测的业务，坚持生态环境部统一负责、相关部门分工合作的原则，增强条例的现实可行性。

（3）落实“放管服”改革要求，重点加强事中事后监管。生态环境监测事业发展，离不开监测市场的繁荣。按照“放管服”要求，政府部门既要简政放权，积极培育市场，充分激发市场主体的活力；又要科学监管、优化服务，营造公平公正便利的市场环境。生态环境监测条例制定过程中应注重保障参与主体的平等权益，对政府生态环境监测机构、社会生态环境监测及运维机构一视同仁，执行一致的机构、人员、装备器具要求，接受一致的监督管理，对所出具监测数据承担一致的责任义务。条例将对生态环境监测机构的监管重点放在事中、事后监管上，明确了监管主体、监管责任、监督检查内容和规范、行政处罚准则，对过程严管、后果严惩。

（二）其他行政法规对环境监测的规定

涉及环境监测的行政法规有近 20 项，分别围绕行政法规针对的主要管理对象和管理部门，提出环境监测相关要求。

（1）各类污染源污染物排放监测相关法规，要求相关责任主体对污染源排放状况或对环境状况的影响情况进行监测。如《畜禽规模养殖污染防治条例》《城镇排水与污水处理条例》《防治船舶污染海洋环境管理条例》《防治海洋工程建设项目污染损害海洋环境管理条例》《中华人民共和国海洋石油勘探开发环境保护管理条例》《医疗废物管理条例》《废弃电器电子产品回收处理管理条例》《放射性物品运输安全管理条例》《危险化学品安全管理条例》《放射性废物安全管理条例》等，分别针对畜禽养殖企业、城镇污水处理厂等排污单位提出环境监测相关要求。

（2）重点区域环境管理条例，对重点区域环境监测进行规定。如《太湖流域管理条例》《淮河流域水污染防治暂行条例》分别对太湖、淮河流域环境监测进行规定。《自然保护区条例》对自然保护区内环境监测进行了规定。

（3）应急管理行政法规对应急监测进行了规定。如《国家突发环境事件应急预案》《核电厂核事故应急管理条例》分别对突发环境事件和核电厂核事故中的应急监测进行了规定。

（4）部分自然资源管理相关行政法规对相应领域环境监测进行规定。如果《水文条例》《森林法实施条例》《农田水利条例》分别对水文监测、森林监测、农田灌溉用水监测进行规定。

（5）其他行政法规对环境监测的规定。如《环境保护税法实施条例》《建设项目环境保护管理条例》《全国污染源普查条例》分别对环境保护税征收、建设项目环境管理、污染源普查过程中监测相关活动进行了规定。

二、国务院规范性文件对环境监测的规定

（一）《主要污染物总量减排监测办法》

为了支撑主要污染物排放总量核查核算，2007 年《国务院批转节能减排统计监测及考核实施方案和办法的通知》（国发〔2007〕36 号）中提出实施《主要污染物总量减排监测办法》。为落实该文件要求，污染源监督性监测、污染源自动监测有效性审核、主要污染物减排监测体系考核等一系列工作相继推进，为污染源监测快速发展起到了很大的促进作用。

（二）其他规范性文件

污染防治行动计划中均涉及环境监测对污染防治行动计划的支撑要求，具体见《国务院关于印发打赢蓝天保卫战三年行动计划的通知》（国发〔2018〕22 号）、《国务院关于印发大气污染防治行动计划的通知》（国发〔2013〕37 号）、《国务院关于印发水污染防治行动计划的通知》（国发〔2015〕17 号）、《国务院关于印发土壤污染防治行动计划的通知》（国发〔2016〕31 号）等相关文件。在环境质量考核的推动下，环境质量监测迅速提质，推动了环境监测的发展。

第三章　国务院部门规章和部门规范性文件

自1983年首个环境监测部门规章——《全国环境监测条例》发布实施至今，我国发布了一系列与环境监测相关的国务院部门规章和部门规范性文件。环境保护管理部门发布了《环境监测管理办法》及污染源监测管理、自动监测、应急监测相关部门规章。中办、国办，环境保护部门及其他管理部门为了支撑环境管理与污染防治，近年来发布了多项规范性文件，以落实法律法规要求。

一、环境保护管理部门规章对环境监测的规定

（一）《环境监测管理办法》

2007年7月25日，国家环境保护总局颁布的《环境监测管理办法》（国家环境保护总局令　第39号）作为环境监测管理制度完善进程中的一项重要举措，进一步完善了环境保护制度体系，明确了环境监测定位，厘清了环境监测职责，为环境监测基础工作的推进和各项创新工作的开展提供了更为明确的依据。

该办法的主要亮点是：重申并拓展了环境监测的内涵，规定了环境质量监测、污染源监督性监测、突发环境污染事件应急监测、为环境状况调查和评价等环境管理活动提供监测数据的其他环境监测活动，这几类环境监测活动都是政府行为，代表公众利益；还规定了环境监测成果的法律效力，依法取得的环境监测数据是环境统计、环境执法等的法律依据。

该办法第一次提出提供商业监测服务的机构，如第二十一条规定有监测能力的排污者要自我监测，如无监测能力，可委托“经省级环境保护部门认定的环境监测机构”来监测。该办法第一次提出了公众环境“知情权”的概念。

（二）污染监测相关管理办法

污染源监测有关要求与环境保护同步发展，最早的环境监测机构主要以服务工业污染源调查而相继设立。环境保护提出的八项基本管理制度，均与污染源监测有相关性。

环境保护部门发布的多个部门规章与污染源监测密切相关。

1. 污染源监测管理办法等

1991 年国家环保局发布《工业污染源监测管理办法（暂行）》（〔91〕环监字第 086 号），这是污染源监测的首个专门的管理办法。1999 年，《污染源监测管理办法》（环发〔1999〕246 号）发布（同时〔91〕环监字第 086 号废止）。然而随着污染源监测管理发展，尤其是随着排污单位监测主体地位的明确，《污染源监测管理办法》已不再适应新的管理形势要求，环境保护部于 2012 年前后启动了《污染源监测管理办法》的修订，但由于各种原因并未完成修订工作。2016 年 7 月 13 日《污染源监测管理办法》废止，目前污染源监测没有专门的部门规章。

2013 年，环境保护部印发了《国家重点监控企业自行监测及信息公开办法（试行）》（环发〔2013〕81 号）、《国家重点监控企业污染源监督性监测及信息公开办法（试行）》（环发〔2013〕81 号），首次对企业自行监测提出明确要求，同时对自行监测及监督性监测数据信息公开进行了规范。这是当前与污染源监测管理思路较为适应的管理制度，但位阶较低、适用范围较小。

2. 污染源自动监测管理相关文件

为了适应污染源自动监测的快速发展，规范污染源自动监测的管理，2005 年，国家环境保护总局发布《污染源自动监控管理办法》（国家环境保护总局令 第 28 号）。为了适应总量减排对自动监测的需求，配套《污染源自动监控管理办法》，相继出台了《污染源自动监控设施运行管理办法》（环发〔2008〕6 号）、《国家监控企业污染源自动监测数据有效性审核办法》（环发〔2009〕88 号）、《国家重点监控企业污染源自动监测设备监督考核规程》（环发〔2009〕88 号）、《国家重点监控企业污染源自动监测设备监督考核合格标志使用办法》（环办〔2010〕25 号）、《污染源自动监控设施现场监督检查办法》（环境保护部令 第 19 号）等一系列管理文件，提出了自动监测数据管理要求。

随着污染源监测管理制度的推进，根据党中央、国务院对污染源监测责任主体的明确，自动监测管理体系进行了相应的调整，《国家监控企业污染源自动监测数据有效性审核办法》（环发〔2009〕88 号）、《国家重点监控企业污染源自动监测设备监督考核规程》（环发〔2009〕88 号）、《国家重点监控企业污染源自动监测设备监督考核合格标志使用办法》（环办〔2010〕25 号）现均已废止，《污染源自动监控管理办法》正在修订过程中，修订重点是明确排污单位作为自动监测的责任主体，并围绕这一个转变进行相应调整。

3. 污染源监管相关文件

《排污许可管理办法（试行）》（环境保护部令 第 48 号）对排污许可制度实施过程中的排污单位自行监测要求、自行监测监管、执行监测实施等内容进行了规定，以支持排污许可证申请与核发及证后监督管理的实施。

《环境保护主管部门实施按日连续处罚办法》（环境保护部令 第28号）、《环境保护主管部门实施查封、扣押办法》（环境保护部令 第29号）、《环境保护主管部门实施限制生产、停产整治办法》（环境保护部令 第30号）等《环境保护法》配套文件中，均包括对排污单位篡改、伪造监测数据情形的有关处罚要求。

4. 突发环境事件应急监测相关要求

《突发环境事件应急管理办法》（环境保护部令 第34号）第二十七条规定："获知突发环境事件信息后，县级以上地方环境保护主管部门应当按照《突发环境事件应急监测技术规范》开展应急监测，及时向本级人民政府和上级环境保护主管部门报告监测结果。"为应急环境监测开展责任主体和开展依据、信息报送进行规范。

5. 监测信息公开相关要求

《企业事业单位环境信息公开办法》（环境保护部令 第31号）对企业事业单位应公开的环境信息及公开方式等进行了规定，其中排污单位环境监测是排污单位应公开重要内容。排污单位监测信息的公开，对于提高公众参与、强化公众监督具有重要意义。

二、中办、国办规范性文件对环境监测的规定

（一）《生态环境监测网络建设方案》

党的十八大以来，党中央、国务院高度重视生态环境监测工作。习近平总书记对生态文明建设和环境保护提出一系列新思想、新论断、新要求，对抓紧建立资源环境承载能力监测预警机制作出重要指示。尽管环境监测经过近40年的努力，取得长足发展，但面对当前生态文明建设的新形势和新要求，我国生态环境监测事业发展还存在网络范围和要素覆盖不全，建设规划、标准规范与信息发布不统一，信息化水平和共享程度不高，监测与监管结合不紧密，监测数据质量有待提高等突出问题，难以满足生态文明建设需要，影响了监测的科学性、权威性和政府的公信力。

为贯彻落实党中央、国务院的决策部署和《环境保护法》要求，进一步加强生态环境监测网络建设，为生态环保工作提供坚强有力的支撑，国务院办公厅印发了《生态环境监测网络建设方案》（国办发〔2015〕56号）。该方案明确了统一生态环境监测建设规划、标准规范、信息发布要求，明晰了生态环境监测事权与责任，加强对各类生态环境监测机构的监管，为生态环境监测网络的健康有序发展奠定了坚实基础。

（二）《关于省以下环保机构监测监察执法垂直管理制度改革试点工作的指导意见》

为了落实党中央、国务院有关要求，加快解决现行以块为主的地方环保管理体制存

在的突出问题，补齐全面建成小康社会的环境保护这块突出短板，推动环境质量改善，中共中央办公厅、国务院办公厅印发了《关于省以下环保机构监测监察执法垂直管理制度改革试点工作的指导意见》（中办发〔2016〕63 号）。该意见调整了环境监测管理体制，调整后的环境监测管理体制如下：

本省（自治区、直辖市）及所辖各市县生态环境质量监测、调查评价和考核工作由省级环保部门统一负责，实行生态环境质量省级监测、考核。现有市级环境监测机构调整为省级环保部门驻市环境监测机构，由省级环保部门直接管理，人员和工作经费由省级承担；领导班子成员由省级环保厅（局）任免；主要负责人任市级环保局党组成员，事先应征求市级环保局意见。省级和驻市环境监测机构主要负责生态环境质量监测工作。直辖市所属区县环境监测机构改革方案由直辖市环保局结合实际确定。现有县级环境监测机构主要职能调整为执法监测，随县级环保局一并上收到市级，由市级承担人员和工作经费，具体工作接受县级环保分局领导，支持配合属地环境执法，形成环境监测与环境执法有效联动、快速响应，同时按要求做好生态环境质量监测相关工作。

（三）《关于深化环境监测改革提高环境监测数据质量的意见》

环境监测数据质量存在人为干预导致数据失真的突出问题。如地方不当干预环境监测行为时有发生，存在指使相关人员通过干扰采样设施等手段窜改、伪造监测数据等现象，损害了政府的公信力。为有效防范地方和部门不当干预，中共中央办公厅、国务院办公厅印发了《关于深化环境监测改革提高环境监测数据质量的意见》（厅字〔2017〕35 号），对提高环境监测数据质量进行专题部署。

为破除不当行政干预，确保环境监测数据的独立性、公正性和真实性，意见从四个方面提出了解决对策：一是构建责任体系，首次明确提出地方党委和政府对防范和惩治环境监测数据弄虚作假负领导责任，要建立健全防范和惩治环境监测数据弄虚作假的责任体系和工作机制。二是建立约谈机制，对弄虚作假问题突出的市（地、州、盟），环保部和省级环保部门可以公开约谈市政府负责人，责成当地政府查处和整改。三是强化防范和惩治，要求环保部会同中组部、监察部研究制定防范和惩治领导干部干预环境监测活动的管理办法，明确情形认定，规范查处程序，细化处理规定。四是实行干预留痕和记录制度，明确环境监测机构和人员的记录责任与义务，规范记录事项和方式，对干预信息做到全程留痕、依法提取、介质存储、归档备查。

（四）其他相关规范性文件

《国务院办公厅关于印发控制污染物排放许可制实施方案的通知》（国办发〔2016〕81 号）对固定污染源核心管理制度——排污许可制度中的排污单位自行监测和管理部门

执法监测进行了明确。明确排污单位实行自行监测和定期报告，企事业单位应依法开展自行监测，安装或使用监测设备应符合国家有关环境监测、计量认证规定和技术规范，保障数据合法有效，保证设备正常运行，妥善保存原始记录，建立准确完整的环境管理台账，安装在线监测设备的应与环境保护部门联网。企事业单位应如实向环境保护部门报告排污许可证执行情况，依法向社会公开污染物排放数据并对数据真实性负责。排放情况与排污许可证要求不符的，应及时向环境保护部门报告。许可证监管部门依证严格开展监管执法，重点检查许可事项和管理要求的落实情况，通过执法监测、核查台账等手段，核实排放数据和报告的真实性，判定是否达标排放，核定排放量。企事业单位在线监测数据可以作为环境保护部门监管执法的依据。

《国务院办公厅关于印发国家突发环境事件应急预案的通知》（国办函〔2014〕119号）对突发环境事件应急预案中应急监测相关要求进行了明确。

三、环境保护部门规范性文件对环境监测的规定

为了落实党中央、国务院关于环境监测的有关要求，支撑环境保护管理工作，尤其是“十一五”以来，为了支撑主要污染物总量减排核查核算、环境质量评价考核相关工作，原环境保护部门发布了涵盖水、气、土、生态、污染源、噪声等各个要素的一系列环境监测相关规范性文件。概括起来，这些规范性文件可以分为四类。

1. 规范监测网络建设

按照《环境保护法》及各要素污染防治单项法关于建设环境质量与污染物排放监测网络的规定，为了明确监测网络建设中各项工作的规范化推进要求，环境保护部门通过发布指导意见、管理办法等规范性文件进行落实。如发布了《关于进一步加强新时期环境监测工作的意见》（环发〔2010〕6号）、《关于加强重金属污染环境监测工作的意见》（环办〔2011〕52号）、《关于加快组建地方环境质量监测网的通知》（环办函〔2011〕1116号）、《关于印发〈国家近岸海域环境质量监测点位管理办法〉的通知》（环办函〔2014〕1670号）、《关于印发国家地表水、环境空气监测网（地级以上城市）设置方案的通知》（环发〔2012〕42号），分别对各类监测网络建设进行了规范。

2. 规范各责任主体的行为

为了支撑监测网络的运行，明确各责任主体的行为和监管要求，环境保护管理部门印发了相关规范性文件进行明确。如印发了《关于印发〈国家生态环境质量监测事权上收实施方案〉的通知》（环发〔2015〕176号）、《关于推进环境监测服务社会化的指导意见》（环发〔2015〕20号）、《关于加强生态环境监测机构监督管理工作的通知》（环监测〔2018〕45号）等文件，分别明确各级管理部门、社会化监测机构的有关要求。

3. 明确环境监测质量管理要求

数据质量是环境监测的生命线，为了强化监测数据质量管理，环境保护部门先后印发了《关于印发〈环境监测质量管理规定〉和〈环境监测人员持证上岗考核制度〉的通知》（环发〔2006〕114 号）、《关于加强环境质量自动监测质量管理的若干意见》（环办〔2014〕43 号）、《环境监测数据弄虚作假行为判定及处理办法》（环发〔2015〕175 号）、《关于印发〈生态环境监测质量监督检查三年行动计划（2018—2020 年）〉的通知》（环办监测函〔2018〕793 号）等文件，明确了环境监测质量管理要求。

4. 规范监测数据应用评价

监测数据是环境状况评价的基础，是反映环境改善状况和污染防治成效的重要依据。为了统一环境状况评价中监测数据的处理方式，客观反映各地环境质量与环境管理状况，环境保护部门发布了水、气环境质量排名技术规定及其他相关规范性文件，如《城市环境空气质量排名技术规定》（环办〔2014〕64 号、环办监测〔2018〕19 号）、《城市环境空气质量变化程度排名方案》（环办监测函〔2017〕197 号）、《城市地表水环境质量排名技术规定（试行）》（环办监测函〔2017〕51 号）、《长江流域水环境质量监测预警办法（试行）》（环办监测〔2018〕36 号）、《国家重点生态功能区县域生态环境质量监测评价与考核指标体系》（环发〔2014〕32 号）等。

四、其他管理部门规章及规范性文件对环境监测的规定

除了环境保护管理部门外，国务院部分其他管理部门也结合本部门管理职责制定部门规章，对本部门相关职责范围内的环境监测进行规定，以下选取部分典型规章制度进行介绍。

2016 年，农业部发布了《耕地质量调查监测与评价办法》（农业部令　2016 年第 2 号），对耕地质量调查、监测、评价进行了规范。

2014 年，国土资源部发布了《地质环境监测管理办法》（国土资源部令　第 59 号），对地质灾害监测、地下水地质环境监测、矿山地质环境监测、地质遗迹监测及其他相关地质环境监测活动的实施进行了规范。

2015 年，国家海洋局印发了《国家海洋局关于推进海洋生态环境监测网络建设的意见》（国海发〔2015〕13 号），以落实《国务院办公厅关于印发生态环境监测网络建设方案的通知》（国办发〔2015〕56 号）相关要求。

2008 年，交通运输部发布了《交通运输行业公路水路环境监测管理办法》（交环发〔2008〕112 号），对交通运输行业公路水路环境监测管理机构职责、监测机构设置及职责、监测数据和监测报告、奖励与处罚进行规定。

第四章　地方性法规、规章与规范性文件

在国家法律、国务院行政法规、部门规章及相关规范性文件的基础上，各地方政府结合本地环境管理需要，积极探索，部分地区发布了地区环境监测条例等地方性法规、规章和规范性文件，既满足了地方对环境监测细化管理的需求，也充分发挥了先行先试的作用，为国家环境监测法规制度的完善提供了借鉴。

一、环境监测专项地方性法规与部门规章

地方针对环境监测专门立法或发布部门规章的较少，多是在环境保护相关法规与规章文件中包括环境监测相关内容。河北、河南、黑龙江、哈尔滨等省市有环境监测专项地方性法规和部门规章。

为了国家法律法规和管理制度要求，河北、河南省政府分别于 2001 年、2002 年发布实施了《河北省环境监测管理办法》《河北省环境监测管理办法》，黑龙江省政府于 2009 年修订了 1989 年版本的《黑龙江省环境监测管理办法》，这些省级环境监测管理办法，针对本地区实际情况，对本省环境监测管理进行了全面规定。

哈尔滨市为了加强水生态监测，保护与修复水生态系统，促进经济社会可持续发展，根据《中华人民共和国水法》等法律、法规规定，结合哈尔滨市实际，制定了《哈尔滨市水生态监测条例》，该条例经哈尔滨市第十三届人民代表大会常务委员会第 31 次会议于 2011 年 9 月 27 日通过，黑龙江省第十一届人民代表大会常务委员会第 29 次会议于 2011 年 12 月 8 日批准，自 2012 年 2 月 1 日起施行。

二、环境监测专项规范性文件

地方环境监测专项规范性文件多为落实国家相关要求而制定的，如为了落实《国务院办公厅关于印发生态环境监测网络建设方案的通知》（国办发〔2015〕56 号），各地政府办公厅制定了相关工作方案；为了落实《关于深化环境监测改革提高环境监测数据质

量的意见》（厅字〔2017〕35号），各地省市委办公厅、政府办公厅印发了本地区的实施方案。

部分地方以省市办公厅文件印发环境监测管理办法、自动监测管理办法等，如《北京市环境监测管理办法》《江苏省环境监测管理办法（试行）》《安徽省环境质量自动监测管理办法》。

在社会化监测机构和社会化监测服务快速发展的情况下，很多地方为了规范社会监测机构管理出台了相关管理文件，如山西省环境保护厅印发了《社会环境监测机构管理办法》，北京市环境保护局印发了《北京市社会化环境监测机构能力认定管理办法（试行）》，吉林省环保厅印发了《吉林省社会化环境检测机构管理办法（试行）》，上海市环保局印发了《上海市环境监测社会化服务机构管理办法》等。

专栏　重要法律法规目录

一、法律

1.《中华人民共和国环境保护法》（2014年4月24日）

2.《中华人民共和国环境保护税法》（2016年12月25日）

3.《中华人民共和国海洋环境保护法》（2016年11月7日）

4.《中华人民共和国土壤污染防治法》（2018年8月31日）

5.《中华人民共和国水污染防治法》（2017年6月27日）

6.《中华人民共和国大气污染防治法》（2015年8月29日）

7.《中华人民共和国环境噪声污染防治法》（1996年10月29日）

8.《中华人民共和国固体废物污染环境防治法》（2016年11月7日）

9.《中华人民共和国环境影响评价法》（2016年7月2日）

10.《中华人民共和国突发事件应对法》（2017年8月30日）

11.《中华人民共和国放射性污染防治法》（2003年6月28日）

12.《中华人民共和国计量法》（2017年12月27日）

13. 最高人民法院　最高人民检察院关于办理环境污染刑事案件适用法律若干问题的解释（2016年12月8日）

二、国务院行政法规和规范性文件

14.《全国污染源普查条例》（2007年10月9日）

15.《防治船舶污染海洋环境管理条例》（2009 年 9 月 9 日）

16.《城镇排水与污水处理条例》（2013 年 10 月 2 日）

17.《畜禽规模养殖污染防治条例》（2013 年 11 月 11 日）

18.《建设项目环境保护管理条例》（2017 年 7 月 16 日）

19.《中华人民共和国环境保护税法实施条例》（2018 年 1 月 1 日）

20.《国务院关于印发打赢蓝天保卫战三年行动计划的通知》（国发〔2018〕22 号）

21.《国务院关于印发水污染防治行动计划的通知》（国发〔2015〕17 号）

22.《国务院关于印发土壤污染防治行动计划的通知》（国发〔2016〕31 号）

三、国务院部门规章和部门规范性文件

23.《国务院办公厅关于印发生态环境监测网络建设方案的通知》（国办发〔2015〕56 号）

24.《中共中央办公厅 国务院办公厅印发关于省以下环保机构监测监察执法垂直管理制度改革试点工作的指导意见》（中办发〔2016〕63 号）

25.《中共中央办公厅 国务院办公厅印发关于深化环境监测改革 提高环境监测数据质量的意见》（厅字〔2017〕35 号）

26.《国务院办公厅关于印发控制污染物排放许可制实施方案的通知》（国办发〔2016〕81 号）

27.《环境监测管理办法》（环保总局令 第 39 号）

28.《污染源自动监控设施现场监督检查办法》（环境保护部令 第 19 号）

29.《环境保护主管部门实施按日连续处罚办法》（环境保护部令 第 28 号）

30.《环境保护主管部门实施查封、扣押办法》（环境保护部令 第 29 号）

31.《企业事业单位环境信息公开办法》（环境保护部令 第 31 号）

第七篇　生态环境监测系统党的建设与行风建设

改革开放40年以来，我国环境监测事业的蓬勃发展关键在于坚持中国共产党的领导。环境监测40年以来的风雨历程与全国监测系统内党的各级基层组织的建设和发展密不可分。自1973年以来全国环境监测系统在党的各级基层组织的有力领导下，沿着社会主义改革开放的康庄大道，伴随着环境保护事业的发展一步步走来，以党的政治建设为统领，全面推进党的政治建设、思想建设、组织建设、作风建设、纪律建设和制度建设，逐步发展壮大成为今天的生态环境监测铁军先锋队。

第一章　党的建设

没有离开政治的业务，环境监测从一开始就是一项政治性很强的业务工作，1973 年第一次环保大会后，我党敏感地意识到环境问题的严重性以及对于未来中国的紧迫性，适时地抓住这个问题，未雨绸缪，组织成立环境监测队伍从对环境污染状况进行调查评价开始，开启了中国环境监测事业的航程。

一、十八大以前的党建发展历程

党的十一届三中全会确立了马克思主义的思想路线、政治路线和组织路线，在思想、政治、组织等领域全面拨乱反正，开启了改革开放新的历史时期。时任国环办高度重视环境监测站党组织的建设与发展，1981 年 1 月 30 日来监测总站布置编写全国环境质量报告书工作，并指示总站单独成立党支部。随着改革事业的发展，党组织的不断发展完善为这段时间开展的全国首次“环境背景值调查与研究”等多项全国性调查监测和重大环境课题提供了有力的组织保障和政治保障，相关工作都由共产党员牵头，不畏艰险，吃苦耐劳，无私奉献，为环境监测事业打下了坚实的基础。

1990 年的第四次全国环境监测会议就确立了“环境监测必须为环境管理服务，环境管理要依靠环境监测”的工作方针，开展污染源监测，为环境管理服务，支撑国家的环境治理工作，这就是最大的讲政治，就是在切切实实地落实党中央的要求，为经济建设解决后顾之忧。事实证明，在污染防治的大潮中，环境监测在党的领导下始终屹立在第一线，为环境管理提供了大量详实的监测数据，为国家改革开放经济转型提供了有力的技术支撑。1996 年国务院召开第四次全国环境保护会议，提出保护环境是实施可持续发展战略的关键，保护环境就是保护生产力，再次将环境监测工作的重要性与维护党的路线方针政策联系在一起，做好环境监测就是对党的忠诚。

江泽民同志在 2000 年提出，我们党要坚持代表中国先进生产力的发展要求，代表中国先进文化的前进方向，代表中国最广大人民的根本利益，始终做到“三个代表”是我们党的立党之本、执政之基、力量之源。全国环境监测系统也积极行动起来，掀起学习贯彻“三个代表”思想的热潮，2002年总站党委组织开展了“创建先进党支部、优秀党员”和“四比四看”活动；北京市环境监测中心作为全国最早的一批环境监测机构，在行风建设方面为全国环境监测系统做出了表率，深入持久地开展党风廉政建设。组织开展了“抓住机遇、转变观念、改变作风、树立形象”和“立党为公、执政为民”等主题教育活动，坚持不懈地抓好监测队伍的管理教育，坚持“两手抓，两手都要硬”的方针，建立了党委统一领导，党政齐抓共管，纪委组织协调，部门各负其责，领导体制和工作机制。

胡锦涛同志在2003年7月28日的讲话中提出“坚持以人为本，树立全面、协调、可持续的发展观，促进经济社会和人的全面发展”，按照“统筹城乡发展、统筹区域发展、统筹经济社会发展、统筹人与自然和谐发展、统筹国内发展和对外开放”的要求推进各项事业的改革和发展的方法论——科学发展观，也是中国共产党的重大战略思想。全国环境监测系统坚持科学发展观，切实搞好“党员先进性教育”，践行“八荣八耻”的“社会主义荣辱观”，将党的建设与能力建设、业务建设、技术工作、质量管理相结合，全面加强生态文明建设和反腐倡廉建设的自觉性和坚定性。天津市以提高党员素质为目标，以发展大局为目标，以促进党的各项工作为目标，制定了《天津市环境监测中心党员领导干部联系群众长效机制》；吉林省在工作中充分发挥“大政工”的优势，以党委为龙头，逐步形成党、政、工、团齐抓共管，协调运行的格局；江苏省出台了中心贯彻落实“333”工程的具体意见，明确了六项共20条措施，确保提高中心领导、党员干部拒腐防变的能力；山东省扎实开展理想信念教育、党员教育、形势任务教育、职业道德教育和党风廉政教育等五大教育活动，做到“五个结合”，即把思想政治工作同实际问题、管理工作、业务工作、文明创建相结合，把正面引导与反面警示相结合。

二、十八大以来的党建发展历程

党的十八大以来，以习近平同志为核心的党中央高举党的旗帜，加强党的领导，彰显着沉甸甸的历史责任。全国环境监测系统紧跟党中央的步伐，始终在思想上、政治上、行动上与以习近平同志为总书记的党中央保持高度一致，进一步增强政治意识、大局意识、忧患意识、责任意识和法治意识，将全国环境监测党建工作推向了一个新高度。

2014年以来，全国环境监测队伍在群众路线教育实践活动中深化作风建设，坚持反对“四风”、狠抓整改，呈现新风貌。一是大兴学习和调查研究之风，将作风建设与教育实践活动紧密结合，把学习和调查研究作为科学民主决策的重要前提和发现解决问题的重要渠道。安徽省站提出了“干部下现场、服务在一线”的口号，领导干部亲自协调解决现场监测工作中的问题。二是开展批评与自我批评。党的群众路线教育实践活动使全党同志受到了一次思想洗礼，也对各级监测站的党的思想建设起到了很好的促进作用。

按照“照镜子、正衣冠、洗洗澡、治治病”的要求，各级监测站领导班子主动拿起批评与自我批评的武器，深入查找、深刻剖析“四风”方面存在的突出问题，增强自我净化、自我完善、自我革新、自我提高的能力。湖北省开展了富有特色的“群众满意的基层监测站”创建评选活动，并且积极参与了环保系统政风行风民主评议，在活动中找问题、抓整改、促提高，展现出奋发有为、争创一流的精神风貌。三是严格落实正风肃纪要求。围绕贯彻中央八项规定，落实党政机关厉行节约反对浪费条例，规范“三公”支出、强化会议、培训、差旅费管理等，各地都研究制定了相关制度规定并严格遵照执行。自中央八项规定颁布以来，单位公务接待得到规范、公款应酬明显减少，文件会议压缩精简，“三公”支出大幅削减，特别是逢年过节单位间的公款走访慰问基本杜绝。

学习教育是党风廉政建设和反腐败斗争不断巩固和深入的重要基础。2015年以来的“三严三实”专题教育，是持续深入推进党的思想政治建设和作风建设的重要举措，是党中央对各级领导干部作风建设的又一项新要求。各地监测站通过深入学习党的十八届五中全会、中纪委五次全会精神和党风廉政建设主体责任与监督责任要求，按照“三严三实”专题教育要求，坚持“管行业先管行风”的宗旨，不断巩固专题教育成果，把作风建设做细做实，使良好的作风形成一种习惯，内化于心、外化于行，结合自身工作实际，精心谋划，统筹安排，组织开展了一系列有特色的学习教育活动，形成了良好氛围。黑龙江、湖北、湖南等省级站定期组织党员干部学习配发的廉政建设理论书籍、观看党风廉政警示教育片、参观党风廉政教育展览等教育活动，聚焦严守党的政治纪律和政治规矩，汲取教训、引以为戒，真正在思想上、工作上、作风上严起来、实起来。在2015年发生的几次重污染事故应急和重大活动保障工作中，如天津港“8·12”环境应急监测工作，环境监测人充分发扬了“特别能吃苦、特别能战斗、特别能奉献”的精神，总站和河北、北京、江苏、辽宁、山东、河南、内蒙古、山西共9支监测队伍229人并肩作战，互帮互助，敢于担当，圆满完成了各项监测技术支持工作，充分体现了监测系统的优良作风。

2016年，按照党中央关于“两学一做”学习教育的统一部署和党中央、国务院关于生态环境监测的一系列决策部署，各级环境监测站高度重视、认真安排，把开展“两学一做”学习教育作为重大政治任务，落实在环境监测改革的生动实践中，坚持“学”“做”“改”“促”，学习教育取得明显成效。各级监测站坚持以党支部为基本单位，以党的“三会一课”组织生活为基本形式，以落实党员日常教育管理制度为基本依托，把党的思想政治建设抓在日常、严在经常，推动支部的学习教育科学化规范化。

为更好引导党员岗位建功，在“两学一做”学习教育过程中，监测总站以“‘两学一做’作表率、事业发展当先锋”为主题，印发了《关于争创“共产党员先锋岗”的通知》及工作方案，以集体先锋岗的形式分批组织了两批“共产党员先锋岗”创建活动。创建活动注重务实创新，强化典型引路，完善了“学先进 做先进 转作风 促工作”的长效工作机制，既考量岗位的工作作风和精神风貌，也注重发挥岗位的榜样带动作用，让岗位争创有方向、有动力、有平台。多个地方监测站也开展了“党员先锋岗”的创建活动，黑龙江、河南、北京等地都进行了积极的探索，在活动中充分发挥党员先锋模范作用，注重务实创新，强化典型引路，旨在完善“学先进 做先进 转作风 促工作”的长效工作机制。青海深入开展“一名党员一面旗帜”活动，鼓励党员主动亮明身份，“全天候”扛起先锋旗，要求每名党员结合岗位职责“晒成绩”，在履职尽责、服务群众方面“亮承诺”，在兑现承诺上“作表率”。

三、新时代的党建发展历程

2017 年 10 月 18 日，党的十九大胜利召开，习近平新时代中国特色社会主义思想确定为党的指导思想，标志着我国生态环境监测系统进入了一个新时代。党的十九大规划了生态文明建设的蓝图，从坚持人与自然和谐共生，推进绿色发展、着力解决突出环境问题、加大生态系统保护力度、改革生态环境监管体制等方面为建设美丽中国指明了方向。2018 年 5 月 18 日，习近平总书记在全国生态环境保护大会上的重要讲话，做出了我国生态文明建设处在关键期、攻坚期、窗口期的新判断以及我国正在推动生态环境保护发生历史性、转折性、全局性的变化的新分析，指明了生态环境问题的新定位，形成了新时代推进生态文明建设的新原则、新体系、新目标、新任务、新要求。此次讲话是继党的十九大报告深刻论述了生态文明建设之后，对生态文明思想全面、系统、深刻、科学的阐释，是新时代中国特色社会主义生态文明建设的根本纲领。

党的十九大以来，各级环境监测站高度重视、认真安排，切实将学习贯彻党的十九大精神作为当前和今后一个时期的首要政治任务和头等大事，以习近平新时代中国特色社会主义思想为指引，在思想上政治上行动上同以习近平同志为核心的党中央保持高度一致。将着力点聚焦到十九大的新思想、新时代、新要求、新变革、新部署上，结合生态环境监测工作实际，采取多种形式，组织党员、职工深入学习领会党的十九大精神，确保贯彻落实，取得明显成效。

各级环境监测站党委依据各地学习要求，以多种形式开展了学习十九大的大动员、大培训、大调研、大讨论和大宣传，在环境监测系统内部掀起了一股人人学习十九大的热潮。监测总站以习近平新时代中国特色社会主义思想指引生态环境监测事业发展为主题，将学习覆盖到每一位领导干部，通过“站长书记带头讲、每个支部专题讲、邀请专家重点讲、四名代表集中讲、系统培训延伸讲”，开展五次集中研讨；北京、上海、天津、贵州等省份充分发挥党委“头雁”作用，利用党委会、支部会、微信群等多种方式，广泛开展党的十九大精神的学习宣贯，做到上下“一盘棋”，学习全覆盖；浙江抓组织，重措施，实现学习到位、措施到位、活动到位的“三个”到位；广东做到“三个第一”，即“第一时间组织全体职工聆听习总书记报告、第一时间制作学习宣传栏、第一时间组织学习交流”，做到学习宣传贯彻党的十九大精神动员全覆盖；山西开展维护核心见诸行动主题教育和《习近平总书记的成长之路》《习近平的七年知青岁月》学习交流研讨，激发了全站党员干部在党爱党、在党为党、维护核心、拥戴核心的政治自觉和行动自觉。西藏、新疆和兵团把学习党的十九大精神和加强民族团结、维护社会稳定结合起来，与业务工作同部署同落实。

“学懂、弄通、做实”习近平新时代中国特色社会主义思想和党的十九大精神，重在落实。学习的成效需要用工作成绩去检验。各级监测站围绕党的十九大精神对生态文明建设的新要求、新目标，全面贯彻《生态环境监测网络建设方案》和《关于深化环境监测改革提高环境监测数据质量的意见》，落实2018年全国环境保护工作会议精神，结合“三大战役”、垂改、国家监测事权上收等重点任务，领导班子亲自带队，加强一线调研、深入调研，互相交流互相学习，用理论成果和成功经验推动实现改革发展。监测总站坚持以习近平总书记生态文明建设重要战略思想为指引，紧紧围绕生态环境监测改革发展的重点任务，研究制定了《中国环境监测总站创新发展纲要》。围绕以习近平新时代中国特色社会主义思想指引生态环境监测事业发展，提出了四大任务和十二条措施。积极响应部党组号召，组织全站干部职工踊跃投身巡查一线。甘肃为落实中央对祁连山生态环境专项督查反馈意见，编制了《甘肃祁连山区域生态环境状况监测项目》，在祁连山区域建成天、地、空全方位的生态监测网络；福建始终秉持“厦门会晤是国家放在福建的大事，厦门市环境空气质量优良是展示国家良好形象的一部分”理念，思想上拧成一股绳，信念上鼓足一把劲，充分准备、全力以赴，圆满地完成了厦门会晤空气质量监测和预报各项保障任务，展现了清新福建的良好形象；四川建立了应急监测微信群，进行应急监测的统一调度和信息联通，统一指挥调度省站、阿坝州站、内江站等多支应急监测队伍先后赶赴挺进阿坝州九寨沟县震中，紧张有序地开展了抗震救灾应急监测工作，为应急救灾决策提供了坚实的支撑，确保了灾区饮水安全，防范了次生污染的发生。

第二章　行风建设

行风是党风、政风的一种体现，行风的好坏直接影响着监测系统的形象、地位，甚至政府的公信力。行风工作虽然不像业务工作那样具体有形，但它对业务工作的推动作用却是巨大的。通过扎实有效的行风建设，监测队伍的理想信念更加坚定，业务技术水平明显提高，职业道德素养不断提升，在全系统形成了团结和谐、纯洁健康、弘扬正气的良好氛围，也在整个环保系统树立了讲政治、顾大局、善打硬仗、为民服务的良好形象。

一、十八大以前的行风建设

2004 年是全国环境监测系统行风建设的关键年，第一届全国监测站系统行风建设座谈会在长沙隆重召开，中纪委驻国家环保总局纪检组组长、总局党组成员曾晓东同志亲临会议并做重要指示。曾组长肯定了近年来取得的成绩，同时，指出了监测系统仍然有着工作作风不实、监测人员技术不精、监测数据不准和个别干部以权谋私、不廉洁等存在，并详细分析了问题存在的原因。对全国环境监测系统行风建设提出三点要求：一是进一步提高对监测工作重要性的认识；二是坚持用科学的发展观来指导监测工作；三是要全面贯彻总局行风建设会议建设，认真落实“六项禁令”，结合业务工作，结合队伍建设，结合管理工作，把问题找准，把原因分析透，把措施落到实处。会上，北京市、河北省、湖南省、安徽省、陕西省、辽宁省和大连市、南京市、株洲市等 9 个省、市级监测站介绍了行风建设工作的经验。北京市环境监测中心建立了《北京市环境保护监测中心党政领导干部党风廉政建设责任制》和党风廉政建设责任制备案制，制定了《检测（监测）业务运行管理规定》和《对外检测服务行为规定》，保证了检测数据质量，杜绝了利用工作之便谋取私利和吃、拿、卡、要等现象的发生。河北省“找认识，建机制，抓教育，打基础，抓制度，促规范，抓监督，促服务”的 24 字方针、湖南省的职业道德教育、安徽省的创建“人民满意的环境监测站”活动、陕西省的促进行风建设同实践“三个代表”重要思想梳理科学的发展观相结合的做法、辽宁省确立的“是否对得起局党组的信任和重托，是否对得起全站职工的辛苦和奉献，是否对得起监测站的发展和未来”党委工作检验标尺等都各具特色，展现了环境监测人坚定的政治立场和优秀的传统作风，为广大监测站提供了学习的范本，树立了良好的行风站风。

2006—2011 年连续召开了六届全国行风建设座谈会，全国环境监测系统坚持科学发展观，切实搞好“党员先进性教育”，践行“八荣八耻”的“社会主义荣辱观”，将行风建设与能力建设、业务建设、技术工作、质量管理相结合，全面加强生态文明建设和反腐倡廉建设的自觉性和坚定性。这一时期，在行风建设方面，各省都做出了卓有成效的努力：内蒙古自治区在污染源监督性监测等推行“抱怨制度”，向企业发放“抱怨表”，印制服务内容和工作程序明白卡，增加工作透明度，广泛接受社会的监督；四川省在“5·12”汶川特大地震后，贯彻“灾后重建”四大原则，严格高效落实灾后重建，加强环境应急监测能力建设；海南省对照“四个危险”和中央巡视组提出的问题，结合“六型机关”建设和创先争优活动，以增强全站干部职工的服务意识、提高办事效率和工作质量为内容，以“状态佳、服务好、技术硬、风气正”为目标，深入开展作风专项整治活动；贵州省到党建设扶贫及“双万”帮扶联系点开展“四帮四促”“心连心、送温暖”活动；西藏自治区充分发挥援藏人员的技术力量，将行风建设与技术工作相结合，在援藏技术人员的帮助下，组件了 BOD_5 实验室，解决了高原低氧下 BOD_5 监测分析的难题；河南省查摆问题后，出台四杜绝，一是杜绝违反技术规范和技术标准的行为，二是杜绝弄虚作假，伪造数据现象，三是杜绝滥用职权，以权谋私，四是杜绝不文明不作为现象；甘肃省先后在站内开展了“爱岗敬业创三优”“我为党旗添光彩”“巾帼环保大行动”等多种活动，从而使广大职工通过亲身参与创建活动这一浓郁气氛的熏陶锻炼，精神面貌大为改观，工作热情不断高涨；新疆维吾尔自治区以“改进作风、提高效能”为主题，努力实践“新疆效率”，以实际工作成效，检验“新疆精神”成效。

二、 十八大以来的行风建设

党的十八大以来，党中央围绕加强和改进党的建设提出了一系列新思想、新论断，更加重视党风廉政建设，坚持“老虎”和“苍蝇”一起打，反腐倡廉的力度前所未有，陆续发布了八项规定等规章制度，对全党进一步加强和改进作风建设提出了明确要求。党的十八届三中全会和中央纪委三次全会提出了关于党风廉政建设党委负主体责任、纪委负监督责任的要求，环保部党组也结合环保系统工作实际对党风廉政工作提出了新的部署和要求。2012 年以来，随着环境监测地位的上升、权力的凸显、资金的增加，监测系统的廉政风险日益加大，监测工作中的一些环节，成为违纪违法案件易发多发地带。为防范这些风险，各地也都相应配套出台实施细则，做了更加详细的规定，全国各级监测站作为基层党组织和窗口单位，一直以各种形式认真贯彻落实这些规章制度，在与上下级单位、企业以及社会公众的联系接触上严格按规矩办事，防范滥用职权、贪污受贿、态度粗暴等类似违规违纪问题发生。规范公务接待工作，不违反规定用公款送礼和宴请，严格执行住房、办公用房、车辆配备等方面的规定，严格经费支出，加强项目招标的规范化管理，确保在党风廉政方面不出问题。

行风工作不是单纯的思想政治工作，对监测业务工作有着重要推动作用。十八届三中、四中全会做出了全面深化改革和全面推进依法治国的重要决定，这是实现中国梦的两个重要抓手，从内在联系来看三者是方向一致、一脉相承的。四中全会明确提出了生态文明建设的法治任务，强调“用严格的法律制度保护生态环境”。随着生态文明建设和环境管理战略转型的推进，环境管理部门和社会公众对环境监测的需求越来越多，监测承担的工作任务不断增多，担负的责任越来越大，各地切实加强行风建设来予以保障，把业务工作和行风工作一起谋划、一起部署、一起考核，平日里开展各式各样的“春风化雨，润物无声”行风教育。自 2012 年起，行风建设的成效在监测工作的方方面面如空气质量新标准监测任务实施、重污染天气预报预警、饮用水水源地监测、污染源监测信息公开、应急监测等重点难点任务上得到了有力体现，各地监测队伍展现了高度的责任感和大局观念，互帮互助，克服人员、资金、技术等多方面的困难，有些工作更是白手起家、从无到有，很好地完成了生态环境部和地方政府交付的任务。

三、新时代的行风建设

党的十九大报告重点强调了文化建设，并将文化建设纳入社会主义“五位一体”总布局之中。企业文化是社会主义文化的重要组成部分，打造优秀企业文化，提升环境监测形象已成为环境监测事业发展的必然趋势。目前，监测行业也开始注重并自觉进行企业文化建设。监测总站总结提炼了“科学 创新 奉献 卓越”的总站精神。浙江提出了环境监测一定要坚持监测为民、服务为民、真心为民的“三民”思想，努力倡导“热心、耐心、用心、细心、贴心、公心”的“六心”服务；广西大力培育“规矩奉献、从严治站、精益求精、快乐工作、珍惜荣誉、团结和谐”六个文化，通过培育站魂、培育站训、培育站品、培育站愿、创作站歌、培育站风，构建“成功时欢聚相庆，需要时搭手相助”的和谐同事关系；河南积极倡导践行“明礼诚信，团结友善，勤俭自强，敬业奉献”基本道德规范，通过开展“文明科室、文明标兵、文明家庭”评选等系列文明创建活动，不断夯实干部职工思想根基，提升干部职工文明素养，有力促进了干部职工作风转变，提高了工作效率，营造了团结务实高效的工作氛围和文化氛围。

从严治党永远在路上。各级监测站严格落实党的十九大对全面从严治党的要求，班子成员带头遵守、执行中央八项规定及实施细则，坚决反对“四风”问题，认真改进调查研究、精简会议活动、精简文件简报、规范出访活动、改进新闻报道、厉行勤俭节约，逐级签订《全面从严治党责任书》，层层传导压力。各地都在从严治党上下了很大功夫，有很多好做法、好经验。云南根据历年党风廉政建设经验，紧盯重点岗位和关键环节廉政风险点，研究制定《廉政风险防控工作实施方案》《党风廉政建设十不准》《违纪违规行为责任追究办法》等，着力于从“查、防、控”三个环节，坚持全时空、全领域覆盖，有效构建了防范控制和化解廉政风险机制体系；辽宁建立了“党委统一领导、党政分工管理、纪委组织协调、科室各负其责、群众积极参与”的领导机制和工作体制，形成了一级抓一级、一级带一级、层层抓落实的工作格局；吉林将系统内基层监测站和系统外服务对象纳入监督范围，以走访、现场监督或电话回访等形式，充分征求它们对省站工作质量、效果及队伍素质方面的意见，并加强对意见的整改运用，切实发挥外部监督作用；宁夏通过建立实行首接责任制、统一接待制、按时办结制、开放日制、定期通报制、考核制，抓住身处关键岗位、关键领域、关键环节的“关键少数”，使其发挥示范引领作用。

第八篇　生态环境监测改革创新

环境监测是生态环境保护的基石，是生态文明建设的重要支撑。长期以来，党中央高度重视生态环境监测工作，特别是党的十八大将生态文明建设纳入中国特色社会主义事业“五位一体”总体布局，党中央、国务院把生态文明建设和环境保护摆上突出的战略位置，做出了一系列新决策、新部署、新安排。近年来，中央印发了多份生态环境监测相关文件，从调整中央与地方关系、调整部门间关系、调整政府与市场关系、提高监测数据质量、优化管理运行机制等方面，对加快我国生态环境监测网络建设做出了总体安排。

第一章　环境监测管理体制改革

经过40年的发展，我国环境监测形成了以属地管理为主，同时接受上级业务指导的四级机构体系。随着改革开放后经济的快速发展，环境保护工作压力不断增大，环境监测体系中长期存在的问题也越发明显。为解决生态环境监测管理体制中的问题，党中央、国务院出台了一系列文件，从纵向的生态环境监测系统内部实施省以下垂直管理体制改革，到横向的部门间生态环境监测职能与资源的整合，都做出了总体部署。

一、环境监测管理体制改革背景

40多年来，全国环保系统的环境监测体系从无到有、从弱到强，随环保工作推进而不断发展。近年来，随着我国环境保护工作进入以改善环境质量为核心的阶段，环境监测管理体制中的问题凸显。为解决我国生态环境监测管理体制的突出问题，党中央、国务院出台了系列改革文件，做出了改革的总体部署。

（一）生态环境监测管理体制概况

在环境监测行政管理机构方面，中央层面的环境监测行政管理内设机构随环保行政主管机构升格而发展。1973—1982年，我国工业污染防治工作由国务院环境保护领导小组办公室负责，该办公室由当时的国家基本建设委员会代管，没有内设环境监测管理部门。1984年国家环境保护局成立，首次内设环境监测处。2008年环境保护部组建，由国务院直属机构升格为国务院组成部门，内设环境监测司，实现了政事分开，解决了长期制约环境监测事业发展的行政管理体制问题。

地方各级环保行政主管部门的环境监测内设机构不断发展。省级层面，目前多个省级环境保护行政主管机构内设了环境监测处；地市级和区县级层面，环境保护行政主管部门大多没有单独内设环境监测管理科室，而是将环境监测与其他业务归并管理。政府行政层级越高，环境监测行政管理内设机构也越多；越往基层，环境监测行政管理机构单独设置越少，环境监测行政管理职责则越弱。

各级环境保护行政主管部门的环境监测行政管理职责大体相似。环境监测行政管理职责，主要包括制定环境监测和环境统计的政策、规划、行政法规、部门规章、标准并组织实施，参与建设并组织管理环境监测网络，拟订建立环境监测质量管理制度并组织实施，参与建设并组织管理环境监测网络，拟订建立环境监测质量管理制度并组织实施，负责环境质量信息发布。各级环保行政主管机构依据属地原则行使管理权，越往基层，环境监测行政管理事项越少，县级则以执行各类监测任务为主。

在环境监测机构方面，40 多年来，生态环境监测机构系统从无到有、从弱到强，形成了按政府行政层级分为国家级、省级、地市级和县级的四级机构，各级环境监测机构行政上隶属于同级环境保护行政主管部门，机构设置、人员编制、财政保障由同级人民政府负责，业务接受上级环境监测机构指导。

国家级：中国环境监测总站是全国环境监测网络、技术、数据、质控和培训中心。主要依托国家环境监测网开展国家层面的环境质量监测和预警监测、国控重点污染源监督性监测、重大环境事故应急监测和国家重大活动环境质量保障监测。

省级：各省、自治区、直辖市环境监测站根据辖区内环境管理需要，组织开展相应的环境监测工作，建设运行省级环境监测网。同时，还作为国家环境监测网成员单位承担区域内的国家环境监测任务。

地市级：地市级监测站是具体承担监测任务的主体。在建设运行市级环境监测网，承担辖区内环境监测工作任务的基础上，同时，还作为国家和省级环境监测网络成员单位承担相应的环境监测任务。

区县级：区县级环境监测机构是最基层的环境监测机构，主要承担辖区内的环境监测质量监测和污染源监督抽测。

（二）管理体制中存在的突出问题

随着环境保护工作进入改善环境质量为核心阶段，对生态环境监测提出了更高的要求，生态环境监测管理体制中长期存在的问题也越发明显。长期以来，在我国生态环境保护领域，体制机制方面存在两个突出问题：一是生态环境管理者和监督者没有很好地区分开来，既是运动员又是裁判员；二是部门间生态环境保护职能交叉重复，叠床架屋、多头治理。

从纵向来看，我国环境监测系统实行以地方政府为主的双重管理体制。地方各级环保部门受上级主管部门与同级政府的双重管理。其中，人事任免、工资、工作经费等均由当地政府决定，上级主管部门只负责对下级部门进行业务指导，省、市、县环保部门是属地政府组成部门。由于环境监测站隶属于当地环保部门，实质上也是以地方政府管理为主，地方环境监测机构接受上级业务部门的技术指导，人员由地方任命，财政也来源于地方。这一体制下地方政府对环境监测机构的影响力远大于上级业务部门的影响力，容易导致地方保护主义，对地方政府及其相关部门的监督责任难以落实，也不利于统筹解决跨区域、跨流域环境问题。

从横向来看，党的十八大之前，我国关于环境监测的管理部门和相关的单位除了环境保护主管部门外，还有农业部、水利部、海洋局、林业局、自然资源部等管理部门。国务院在“三定”方案中也明确了各部门的职责，但在具体工作中，各部门对职责的理解不同，监测任务界定不清。有的监测领域相关部门争先恐后介入，工作交叉重复；而有的领域则无人问津，出现了空白和真空地带，由于部门利益之争，严重阻碍了环境监测事业的有序发展。

（三）管理体制改革

党的十八大以来，党中央对生态文明建设和环境保护工作的重视程度前所未有，习近平总书记、李克强总理对环保工作提出了一系列新思想、新论断，其中有很多对环境监测工作提出的新要求，明确了新任务。特别是党的十八届三中全会审议通过的《中共中央关于全面深化改革若干重大问题的决定》提出，要“建立资源环境承载能力监测预警机制”“建立和完善严格监管所有污染物排放的环境保护管理制度，独立进行环境监管和行政执法”。

中共中央、国务院在《关于加快推进生态文明建设的意见》和《生态文明体制改革总体方案》中提出：“要加快监测体制改革，加强统计监测，对自然资源和生态环境保护状况开展全天候监测，健全覆盖所有资源环境要素的监测网络体系。”“在部分地区开展环境保护管理体制创新试点，统一规划、统一标准、统一环评、统一监测、统一执法。”

中共中央办公厅、国务院办公厅于2016年9月联合印发了《关于省以下环保机构监测监察执法垂直管理制度改革试点工作的指导意见》，要求“切实落实对地方政府及其相关部门的监督责任，环境监测监察执法的独立性、统一性、权威性和有效性，适应统筹解决跨区域、跨流域环境问题的新要求，规范和加强地方环保机构队伍建设。”各地区各部门在试点基础上全面推行，并在“十三五”时期完成改革任务，到2020年全国省以下环保部门按照新制度高效运行。

党的十九大对深化机构和行政体制改革作出重要部署，要求统筹考虑各类机构设置，科学配置党政部门及内设机构权力、明确职责。党的十九届三中全会通过了《中共中央关于深化党和国家机构改革的决定》和《深化党和国家机构改革方案》。在机构改革中组建了生态环境部。

二、环境监测机构省以下垂直管理

生态环境监测机构省以下垂直管理改革，是由中央高层推动的重大改革，初步目标定于在“十三五”末期，全国省以下环保部门按照新制度运行，加强地方党委政府、相关部门的环保责任落实，加强监督检查和责任追究。

（一）环境监测省以下垂直管理改革部署

党的十八届五中全会报告指出要实行“最严格的环境保护制度”，并提出实行省以下环保机构监测监察执法垂直管理制度。习近平总书记就《中共中央关于制定国民经济和社会发展第十三个五年规划的建议》起草的有关情况向十八届五中全会作说明时，针对省以下环境监测监管提出了比较具体的改革措施，即“省以下环保机构监测监察执法垂直管理，主要指省级环保部门直接管理市（地）县的监测监察机构，承担其人员和工作经费，市（地）级环保局实行以省级环保厅（局）为主的双重管理体制，县级环保局不再单设而是作为市（地）级环保局的派出机构。”经过中央全会的广泛讨论，《中共十八届五中全会公报》正式提出实行省以下环保机构监测监察执法垂直管理制度的建议。

为了响应《中共十八届五中全会公报》的建议，2016 年 3 月全国人大通过了《国民经济和社会发展第十三个五年规划纲要》，在国家层面做出了省以下环境监管体制改革的工作部署，即“实行省以下环保机构监测监察执法垂直管理制度，探索建立跨地区环保机构，推行全流域、跨区域联防联控和城乡协同治理模式。”

为了落实中共中央和全国人大的改革部署，中共中央办公厅、国务院办公厅于 2016 年 9 月联合印发了《关于省以下环保机构监测监察执法垂直管理制度改革试点工作的指导意见》（以下简称《垂改意见》），对生态文明体制改革做出了工作部署。《垂改意见》要求各地区各部门结合实际认真贯彻落实，在试点基础上全面推开，力争“十三五”时期完成改革任务，到 2020 年全国省以下环保部门按照新制度高效运行。

（二）机构垂直管理改革主要内容

《垂改意见》是党中央、国务院在新时期新形势下作出的一项重大决策，是对地方环境保护管理体制的一项根本性改革，充分体现了党中央、国务院对生态文明建设和生态环境保护的高度重视，对于推动环境管理转型、补齐生态环境短板，具有十分重要的意义。

按照改革要求，各地制定并落实相关部门环境保护责任清单，落实“管发展必须管环保、管生产必须管环保、管行业必须管环保”的要求，建立“部门各负其责、环保统一监管”的大环保格局，这对于在省级层面实现由环保部门统一规划布点、统一标准规范、统一监督管理、统一信息发布，各相关部门具体实施并共享数据的监测机制创造了有利条件。

机构垂直管理改革的一项重要内容，是调整市县环保机构管理体制。按照改革要求，市级环保局实行以省级环保厅（局）为主的双重管理，仍为市级政府工作部门。省级环保厅（局）党组负责提名市级环保局局长、副局长，会同市级党委组织部门进行考察，其中局长提交市级人大任免；市级环保局党组书记、副书记、成员，征求市级党委意见后，由省级环保厅（局）党组审批任免。县级环保局调整为市级环保局的派出分局，由市级环保局直接管理，领导班子成员由市级环保局任免。

在调整环境监测管理体制方面，省（自治区、直辖市）及所辖各市县生态环境质量监测、调查评价和考核工作由省级环保部门统一负责，实行生态环境质量省级监测、考核。原有市级环境监测机构调整为省级环保部门驻市环境监测机构，由省级环保部门直接管理，人员和工作经费由省级承担；领导班子成员由省级环保厅（局）任免。省级和驻市环境监测机构主要负责生态环境质量监测工作。县级环境监测机构主要职能调整为执法监测，随县级环保局一并上收到市级，由市级承担人员和工作经费，支持配合属地环境执法，同时按要求做好生态环境质量监测相关工作。

（三）机构垂直管理改革进展

生态环境监测机构垂直管理是环境治理基础制度的一项重大改革。实行生态环境监测机构垂直管理后，省级环保部门直接管理地市级监测机构，达到更好地保证环境监测独立性、有效性和公正性的效果。县级监测机构集中监测力量实施执法监测，并上收到市环保局统一管理。省级环保部门更加聚焦生态环境质量监测与环境监察，实现“省级考核、省级监测”；市(地)县两级聚焦环境执法和执法监测，污染源监管重心下沉，达到增强测管联动的叠加效应。

截至2018年6月，重庆、河北等地方已经完成生态环境监测机构垂直改革实施方案的备案工作，一批省份完成省内方案审批，基本达成了预期目标。机构垂直管理改革是长期、持续的改革，随着改革举措落地，一些改革成效已显现，而另一些仍需时日。

在先行试点的河北省，已收到了部分成效。河北省市县三级环境保护行政主管部门的领导关系调整后，建立了分级的垂直管理体制。过去市环保局、县环保局由当地的市政府、县政府直接管理，垂改以后，市环保局以省环保厅领导为主，由省环保厅党组对市环保局党组班子成员进行提名。县环保局改为市环保局派出分局，人财物完全由市环保局直接管理。通过领导关系、干部任免、财政供养、隶属关系的调整，一定程度上避免了地方保护主义对于环境管理的干预。

三、生态环境监测部门资源整合

长期以来，我国生态环境监测的职能分散在各个部门，各部门开展的生态环境监测出现了交叉重叠。党的十九大后，中央整合了原环境保护部的职责，成立了自然资源部和生态环境部，从整体上调整各部门的生态环境监测职能。

党的十九大后，《深化党和国家机构改革方案》明确，整合原环境保护部及其他6个部门的职责，组建生态环境部，统一行使生态和城乡各类污染排放监管与行政执法职责。新成立的生态环境部的主要职责是：制定并组织实施生态环境政策、规划和标准，统一负责生态环境监测和执法工作，监督管理污染防治、核与辐射安全，组织开展中央环境保护督察等。在机构调整中，划入生态环境部的职责包括国家发展和改革委员会的应对气候变化和减排职责，自然资源部的监督防止地下水污染职责，水利部的编制水功能区划、排污口设置管理、流域水环境保护职责，农业农村部的监督指导农业面源污染治理职责，国家海洋局的海洋环境保护职责，国务院南水北调工程建设委员会办公室的南水北调工程项目区环境保护职责等。

生态环境监测机构调整和职能划转从全局的角度出发，充分考虑了生态环境的系统性、整体性规律，整合梳理、优化配置、增强补弱，通过统筹整合生态环境部和各相关部门在生态环境监测方面的有效力量和优质资源，实现政府履职效率效能的提升，开展生态环境监管需求相适应的生态文明建设，逐步构建现代生态环境监测体系。

第二章 环境监测运行机制改革

随着水、大气、土壤污染防治行动计划的实施，环境质量监测结果将直接应用于对地方政府的环境目标责任考核。依据“谁考核、谁监测”的原则，中央对地方考核的监测事项全部上收为中央事权。2015—2017 年，国家层面生态环境监测投入约 23 亿元，全面推进国家生态环境监测网络建设和事权上收，新建或上收了国家城市空气站、区域站、背景站、颗粒物组分 / 光化学监测站点 1 000 余个，其中大部分城市空气站点由国家委托社会监测机构运维；在主要流域新建或上收地表水水质监测断面近 3 000 个，国控水质自动监测站点由国家委托社会监测机构运维；布设了国控土壤监测点位 40 000 余个并开展例行监测。国家环境质量监测事权上收后，有效避免了监测数据受到行政干扰，保证了环保责任考核的客观公正性。

一、环境监测事权上收

2015 年以前，中央与地方环境监测事权与支出责任界定不清。国家环境监测网络主要是由地方开展监测，国家负责收集汇总数据、评价环境质量状况。国控监测点位的运行经费大多是以中央补助地方的形式下拨的，中央承担的支出责任较小。依据“谁考核、谁监测”的原则，中央对地方考核的监测事项全部上收为中央事权，并且以购买服务的形式，委托社会监测机构开展国家网生态环境监测。

（一）生态环境监测事权上收背景

随着国务院相继发布《大气污染防治行动计划》《水污染防治行动计划》《土壤污染防治行动计划》，对今后一个时期我国大气、水、土壤污染防治工作做出了全面部署，对地方环境污染防治提出了具体目标和考核要求。而环境监测数据作为考核依据之一，从制度设计上保证各级环境监测数据公平、公正、有效，显得尤其重要。

长期以来，国家环境监测网络采取地方监测为主、国家汇总分析数据的机制运行，监测数据用于全国环境质量评价。这种机制已经不适应当前环境质量考核的需要，一方面，遭到了监测站“既当运动员、又当裁判员”“监测数据自说自话”等质疑；另一方面，监测经费以中央补助地方的形式拨付，也给地方造成了较大财政压力，许多监测站被迫“以副养主”筹措经费。

随着国家对各地生态环境质量考核问责力度的不断加大，环境质量监测的目的除了从国家和流域、区域尺度上评价环境质量状况外，还要为考核地方党委、政府履行环境质量目标责任情况提供数据支撑。这种情况下，过去“监测在地方、考核在中央”的局面，已经完全不能适应新的形势要求。因为有些地方行政部门出于考核的压力，可能会干预环境质量监测数据，对数据的真实性和准确性造成影响。

2016 年 8 月，国务院发布《关于推进中央与地方财政事权和支出责任划分改革的指导意见》，确定中央与地方事权应遵循体现基本公共服务收益范围、兼顾政府职能和行政效率、实现权责利相统一、激励地方政府主动作为、做到支出责任与财政事权相适应等原则。依据这些原则，全国性环境监测事项以及跨区域监测事项，属中央事权；兼有全国性和地方性特征的监测事项，由中央和地方政府共同承担，并根据具体情况确定分担比例；其他地方性监测事项，属地方事权。上级党委政府对下级党委政府进行的考核性监测，属上级事权。适宜由下一级政府行使的监测职能，尽量下放事权。

（二）划分生态环境监测事权

国家生态环境监测事权上收之前，国家环境监测网络主要是由地方开展监测，国家负责收集汇总数据、评价环境质量状况。国控监测点位的运行经费大多是以中央补助地方的形式下拨的，中央承担的支出责任较小。以地表水监测为例，每个国控断面补助地方 1 万元 / 年，但据测算实际成本为 5.4 万元 / 年。

由于中央和地方事权与支出责任不清，中央只承担了国控点位少量的运行维护经费，甚至有的项目建成后没有及时安排运行经费，给地方造成了负担。特别是欠发达地区，很多都是通过地方监测站“以副养主”的形式来维持国控点位运行。事权上收后，国控站点的运行经费由中央全额保障，运行维护由监测总站直接组织实施，且监测数据与地方共享。

目前，国家环境监测网络已经基本完成了新一轮点位调整和事权的重新划分，基本确定了中央与地方的事权清单。其中变化的重点是，按照国家考核、国家监测的原则，国控点位监测和运维不再由中央与地方共担，空气、水、土壤监测和运维上收为中央事权，由国家层面实施监测并开展质量控制，获取的数据与地方共享。执法监测、污染源监督性监测、城镇集中式生活饮用水水源地水质监测、噪声监测明确为地方事权。

（三）国家网运行机制

长期以来，环境质量国控点位监测事权名义上归中央，但主要由地方省、市监测站负责运行维护。大部分运行和管理经费都是依靠地方财政保障，处于事权与支出责任不一致的状态。国家生态环境监测事权上收后，中央财政保障环境质量国控点位的建设和运行经费，由环境保护部委托中国环境监测总站运行管理。这样一来，中央政府建设并运行国家环境质量监测网，地方政府建设并运行地方环境质量监测网，基本实现了各级政府环境监测事权和支出责任相一致。

在运行机制方面，中国环境监测总站通过购买服务的形式，委托社会环境监测机构进行国家网运行维护。事权上收后，国家环境监测站点数据一点多传，直传中国环境监测总站的同时，还会发送至省级、市级环境监测单位。数据质量控制方面，中国环境监测总站建立了包括国家质控平台、区域质控实验室、监测实验室的三级质量控制体系，同时委托社会监测机构开展质控检查。

二、环境空气监测事权上收

2015年，环境空气质量监测事权上收的条件已经基本具备。在国家层面上，2014年环境保护部上收了200多个环境空气城市站国控点位作为国家直管站，为事权上收积累了经验。在地方层面上，山东、江苏、河北、河南等省早在几年前就开展了省级空气质量监测事权上收，取得了很好的效果，用事实证明事权上收工作是切实可行的。

为深入贯彻落实《国务院关于印发大气污染防治行动计划的通知》（国发〔2013〕37号）、《国务院办公厅关于印发生态环境监测网络建设方案的通知》（国办发〔2015〕56号）、《关于印发〈国家生态环境质量监测事权上收实施方案〉的通知》（环发〔2015〕176号）的有关要求，实现国家环境空气质量监测网城市站点（以下简称城市站）的统一运维，中国环境监测总站开始全面上收城市站。城市站运维交接范围为国家环境空气质量监测网所涵盖的338个地级及以上城市的1 436个城市站。2016年11月底，全国全部国控站点监测事权全部完成上收任务。

为了严格国控监测站房的管理，城市站的日常运维工作由运维公司负责，非运维人员禁止进入城市站站房、采样探头口及相关设施所在区域，地方环保部门如需进入城市站站房等区域，还需提前向监测总站申请，经批准后方可在运维人员陪同下进入。

城市站完成交接后，全部使用监测总站统一开发的数据采集系统，确保原始监测数据实时自动上传。运维公司负责监测数据的在线审核，监测总站对运维公司的审核结果进行复核，监测数据由国家和地方共享。

质量控制方面，监测总站构建了由国家质控平台、区域质控平台、监测与运维机构组成的国家环境空气自动监测三级质控体系。建立了颗粒物手工监测比对体系、臭氧自动监测量值溯源传递体系、二氧化硫等常规气态污染物的量值溯源传递体系、空气自动监测远程质控系统。建立了环境空气自动监测方法标准和规章制度，对第三方运行维护进行监管。构建了国家环境空气监测质量管理体系，成立了国家环境监测数据评估委员会，对环境空气自动监测质量工作进行评估；组建了国家环境监测质量监督检查专家库，为国家网监测质量飞行检查等外部监督管理活动提供技术支持。

将规模如此庞大的国家空气环境质量监测网络从环保系统手上委托交到社会第三方监测机构负责运维，堪称是一次革命性的重大改革。这也是一项艰巨复杂的系统工程，牵涉面非常广，且具有很强的技术性。在中国环境监测总站、地方环保部门和运维公司的通力合作和密切配合下，确保了国家城市站平稳交接、正常运行。

三、地表水环境监测事权上收

国家地表水环境质量监测事权上收工作，按照“采测分离”和水站建设同步推进、分步实施的方式进行。上收范围为 1 940 个地表水评价、考核、排名断面和 110 个入海河流考核断面，共 2 050 个国家地表水考核断面（以下简称考核断面）。其他断面仍按原有模式开展监测。

“采测分离”是指将国家考核断面水样采集和分析测试工作交由不同单位承担，改变现行属地监测模式，从机制上与利益相关方脱钩。监测总站统一制定实施计划，社会化监测机构按照统一的技术规范进行采样，水样加密混合后随机分送至各分析实验室。分析实验室对水样进行集中分析，原始监测数据直传监测总站，并对监测全流程各环节留痕质控，确保数据真实、准确。监测总站完成数据汇总审核后，及时与地方共享。

地表水事权上收工作分为两个阶段：第一阶段自 2017 年 10 月起，实行采测分离模式，按月开展 2 050 个考核断面水质监测。由监测总站统一委托第三方机构，按照统一技术规范要求进行采样，对水样加密编码后，送至指定的地方监测站进行集中分析，原始监测数据直传监测总站，监测总站完成数据汇总审核后，及时与地方共享。在开展采测分离的同时，同步推进水站建设工作。第二阶段是为完成 2 050 个考核断面水站建设，统一委托第三方机构负责运维，实现地表水环境质量主要指标（包括水温、pH、溶解氧、电导率、浊度、高锰酸盐指数、氨氮、总氮和总磷以及流域特征污染物等）的连续自动监测，实时数据国家与地方共享。同时按季度开展采测分离监测，采取“自动监测为主、手工监测为辅”模式，实现“国家考核、国家监测”。

2018 年 7 月底，2 050 个考核断面全部完成上收，上收之后，采取了与国家城市站相似的运行机制，由监测总站委托社会监测机构开展“采测分离”工作、水质自动站运维工作、运维检查等工作。考核断面水质自动站的监测数据直传监测总站，同时分传省级、市级环境监测单位。

第三章　环境监测社会参与

随着国家对环境管理的要求不断深入和扩大，新形势下的环境管理要求越来越严格，环境监测的任务亦愈来愈重。近年来，社会环境监测力量迅速发展，成为政府生态环境主管部门监测力量的有益补充。为了推行生态环境监测领域服务社会化，厘清政府与市场的关系，转变职能，加强社会监测机构监管，中央和生态环境部发布了系列文件，推进生态环境监测社会化改革，以提高环境监测数据质量为落脚点，引导环境监测行业发展。

一、厘清政府与市场关系

2015 年 5 月 12 日，李克强在全国推进简政放权放管结合职能转变工作电视电话会议上首次提出“当前和今后一个时期，深化行政体制改革、转变政府职能总的要求是：简政放权、放管结合、优化服务协同推进，即‘放、管、服’三管齐下”。2016 年政府工作报告进一步提出“推动简政放权、放管结合、优化服务改革向纵深发展”，合理确定政府、企业、社会公众的边界，明确环境监测中政府、企业、社会公众的责任、权利与义务。

在环境监测方面，“放管服”改革的关键是推进生态环境监测各部门职能转变，重塑政府、企业、社会公众三方职责，构建政府为主导、企业为主体、社会组织和公众共同参与的生态环境监测管理体系，保障打好污染防治攻坚战，服务实体经济发展。因此，生态环境监测领域的深化“放管服”改革，一直在厘清和处理政府、企业、社会公众不同主体的相互关系，明确各自的职责与功能定位、权利与义务，形成三者既相互制约又相互支撑的合作治理框架。

厘清政府与市场关系，先是认清环境监测中的公共服务和非公共服务双重属性，将属于公共服务交由政府提供，非公共服务的部分交由市场。其中，公共服务属性的监测业务责任主体仍然是政府，政府可以直接提供公共服务，也可以通过政府购买服务、合同承包、特许经营、用者付费、凭单制度、自由市场、内部市场等方式引入市场机制，把政府直接向社会公众提供的一部分公共服务事项，交由具备条件的市场主体实施，并由政府根据服务数量和质量向其支付费用，以此来提高政府服务能力和服务水平。

根据这种思路，2018 年，生态环境部印发的《关于生态环境领域进一步深化“放管服”改革，推动经济高质量发展的指导意见》中提出，要进一步简政放权，服务实体经济，不断激发市场主体活力和社会创造力。改革文件的要求，各级环境监测机构，尤其是省级和地市级环境监测机构，逐渐不再承担排污单位污染源自行监测、环境损害评估监测、环境影响评价现状监测、建设项目验收监测、环境质量自动监测站的运行维护等业务，这些业务逐渐放给市场。随着政府环境监测职责的转变，环境监测市场不断发展。

二、推进环境监测服务社会化

随着环境监测市场的需求越来越大，仅依赖政府部门的环境监测机构难以满足需求。近年来，社会环境监测力量迅速发展，成为政府生态环境主管部门监测力量的有益补充。

“十二五”期间，各地环保部门积极响应国家号召，先后开展了环境监测服务社会化试点工作，转变过去政府提供环境监测服务的单一模式，出台了关于政府购买监测服务和社会检测机构管理的指导意见或地方性法规，对面向社会购买监测服务的购买方式、领域范围、资格资质管理、质量控制、过程监管等方面进行了有益探索。

近年来，环境监测服务社会化作为生态环境保护制度改革的重要内容，受到了广泛关注。为深入贯彻十八届三中全会精神，2014 年全国环境保护工作会议上明确要求“要积极推进生态环境保护领域改革，提出要研究推进环境污染第三方治理，向社会购买服务特别是环境监测社会化环境监测服务社会化作为生态环境保护制度改革的重要内容”，受到了广泛关注。

2015 年，环境保护部印发《关于推进环境监测服务社会化的指导意见》（环发〔2015〕20 号），明确了全面放开服务性监测市场，鼓励社会环境监测机构参与排污单位污染源自行监测、环境损害评估监测、环境影响评价现状监测、清洁生产审核、企事业单位自主调查等环境监测活动。同时，有序放开公益性、监督性监测领域。积极稳妥、因地制宜地向社会环境监测机构有序放开环境质量自动监测站和污染源自动监测设施的运行维护、固体废物和危险废物鉴别等监（检）测业务。

环境保护部于 2012 年 12 月发布了《环境服务业“十二五”发展规划》，提出优先发展污染治理设施的社会化专业化运营服务、重点发展综合环境服务、大力推进环境咨询服务、加快发展环境技术服务、逐步发展其他环境服务、加快建设环境服务支撑体系六项主要任务。为环境服务行业今后几年的市场发展提供了有力的政策支持和巨大的推动力，环境监测服务被列入逐步社会化的行列。

“十二五”期间环境监测行业的迅速发展主要得益于密集的政策扶持，《国家环境监测“十二五”规划》《生态环境监测网络建设方案》《国家环境质量监测事权上收方案》等多部环境监测政策性文件共同形成了我国环境监测的基本框架，在此基础之上“水十条”“大气十条”等政策的出台，不仅带动了水、大气等领域的防污治污需求，也带动了环境监测行业的需求。

环境监测社会化是指打破政府机构的大包大揽，引入环境保护行政主管部门直属环境监测机构以外的，从事环境监测业务的机构提供环境监测服务的过程。这既是适应以环境质量为核心的环境管理体系建设需求，弥补政府环境监测力量不足的有效手段，也是建设先进的环境监测预警体系的必然要求，积极稳妥地推进环境监测市场有序开放是大势所趋。

三、强化环境监测机构监管

我国环境监测服务社会化起步较晚，配套体制建设也相对滞后，对监测机构的监管力度不足，影响了监测数据的真实性、准确性。为了强化环境监测机构监管，中央推行了系列改革措施。

（一）环境监测数据质量影响因素

长期以来，环境监测数据质量主要存在两类突出问题：第一类是人为干预导致环境监测数据失真；第二类是受客观原因的影响和制约，监测数据测不准。

1. 人为干预导致环境监测数据失真

在污染源监测方面，污染源监测数据容易受到不同来源、不同形式和不同程度的干扰。一是排污单位摸清监督性监测规律后，通过断污水、注清水、私接暗管、偷换样品等方式在采样环节弄虚作假，或通过调整生产工况、加大治污设施运行负荷等临时措施，使监测结果无法代表排污单位真实排污状况；二是排污单位自行监测流于形式，既没有配备相应的手工自测能力，也不愿意购买高质量的环境监测服务，往往倾向节省费用购买价格低、无质量保证的监测服务；三是排污单位直接篡改、伪造在线监测数据或者利诱社会机构篡改、伪造排污单位自测和环评现状等监测数据，掩盖偷排行为或实际排污状况；四是排污单位自行监测信息公开不及时、发布渠道少、内容不完整，或者选择性瞒报，不利于社会和公众监督；五是部分排污单位串通仪器生产厂商“狼狈为奸”，在监测仪器设备设置技术漏洞，留有修改参数和模拟软件功能，为篡改监测数据行为“开天窗”“留后门”。

在社会环境监测机构方面，一些社会机构超范围监测，在承接环境监测业务时不考虑自身资质、仪器和能力是否满足要求，超计量认证范围监测并出具报告；其次是低价恶性竞争现象难以遏制，为顺应委托方低价诉求，抢占监测市场份额，一些机构用低于成本的价格承接监测任务，面对盈利压力时，再以少采样、少测样甚至不采不测样品等违规操作方式，大幅降低监测成本，严重影响监测数据质量。

2. 客观原因制约监测数据准确性

环境监测质量监督管理不到位。相关职能部门监管职责不明、边界不清，质监部门对社会机构资质评审无监测行业特殊要求，发证门槛低，缺乏对社会机构的日常监督管理；社会机构从业人员资质管理缺位，在岗人员技术水平普遍较低，不能保质保量完成承接的环境监测任务，严重影响了环境监测数据的真实性。

监测人员技术水平令人堪忧。环境监测是一项系统性和专业性较强的工作，高水平环境监测人才需要通过长期实践和严格训练得到能力提升和职业成长。据估算，目前在社会机构和运维机构的从业人员数量在 10 万以上，以大中专学历的年轻技术人员为主，存在专业背景杂，工作年限短，流动性大，缺少工作经验、职业素养和岗前培训等现状，对标准方法的选用、仪器设备的应用和环境监测技术的掌握不全面。部分机构虽有返聘体制内环境监测单位的退休人员，但其存在知识结构老化和信息化应用能力偏弱等问题，影响社会机构技术能力的提升。

（二）环境监测机构监管机制建设

从推行环境监测服务社会化开始，机构监管体制机制建设就从未停歇。党中央、国务院对环境监测，特别是监测数据质量高度重视。习近平总书记在十八届五中全会上对“十三五”规划建议进行说明时指出，“难以解决地方保护主义对环境监测监察执法的干预”是现行环保体制的四个突出问题之一。李克强总理批示，“空气质量监测、发布要有科学统一的标准，‘一个声音说话’才有公信力”。张高丽同志指示，要“严肃处理监测数据造假行为，工作要实打实、硬碰硬。今后凡是环保数据造假的要问责和查处，这样才能向人民群众交代”。为落实中央领导要求，全面提升环境监测数据质量，中央全面深化改革领导小组 2017 年工作要点将“深化环境监测改革 提高环境监测数据质量”作为环境保护部牵头的重点改革任务。

1. 制定环境监测机构监管相关政策

2007 年，国家颁布了《环境监测管理办法》，树立环境监测权威，是环境监测法制化的重要转折点。与之配套的还有地方规范，如江苏省环境委员会 2008 年 3 月发布了《江苏省环境监测管理办法》并开始施行。在强化环境保护部门环境监测统一监督管理职能，规范环境监测行为等方面起到了十分重要的作用，也为进一步立法奠定了基础。2009 年环境保护部根据国务院立法计划正在起草的《环境监测管理条例》中拟设置环境监测服务资质行政许可，这意味着我国市场化的环境监测服务正向法制化的方向推进。

新环保法中，明确了企业具有排污监测和信息公开的法定义务。2013 年环境保护部颁发的《国家重点监控企业自行监测及信息公开办法》中要求排污企业必须按照环境保护法律法规，为掌握本单位的污染物排放状况及其对周边环境质量的影响等情况，组织开展环境监测活动。法律法规的颁布实施进一步建立和完善了污染源监测制度，确定了开展排污状况自行监测是企业责任和义务，国家重点监控企业不仅要依法依规自行开展排污状况监测，而且要及时公开污染物排放信息，并对公开信息的真实性和准确性负责，在满足公众环境知情权的同时接受公众的监督。

2015 年 12 月 26 日，最高法、最高检联合发布《关于办理环境污染刑事案件适用法律若干问题的解释》。这是 1997 年刑法实施以来最高司法机关就环境污染犯罪第三次出台专门司法解释。其中，将“篡改、伪造自动监测数据”列为“严重污染环境”情形，最高可判三年有期徒刑。

2016 年环境保护部印发了《环境监测数据弄虚作假行为判定及处理办法》(环发〔2015〕175 号)，要求地方政府环境保护主管部门开展环境监测质量监督检查，查处环境监测数据弄虚作假行为。

经中央全面深化改革领导小组第三十五次会议审议通过，中共中央办公厅、国务院办公厅印发了《关于深化环境监测改革提高环境监测数据质量的意见》(简称两办《意见》)。两办《意见》的出台是继《生态环境监测网络建设方案》《关于省以下环境保护机构监测监察执法垂直管理制度改革试点工作的指导意见》之后，中央关于深化环境监测改革的又一重大部署，充分体现了以习近平同志为核心的党中央对生态环境保护，特别是环境监测工作的高度重视。

两办《意见》从组织领导、具体实施和监督管理三个层面，解决了环境监测数据质量由谁负责、负什么责，出现什么问题、追究什么责任的问题。两办《意见》明确，地方党委、政府对防范和惩治环境监测数据弄虚作假负领导责任；环境保护、质量技术监督部门及公安机关依法对环境监测机构负监管责任，有关部门对所属环境监测机构数据质量进行管理。排污单位对数据质量负主体责任，开展自行监测，对数据的真实性负责。环境监测机构及其负责人对其监测数据的真实性和准确性负责。建立“谁出数谁负责、谁签字谁负责”的责任追溯制度，相关人员分别对原始监测数据、监测报告的真实性终身负责。两办《意见》还提出要创新管理制度，建立干预留痕和记录制度、排污单位自行监测与环境质量监测原始数据全面直接上报制度，探索建立环境监测人员数据弄虚作假从业禁止、排污单位环境监测数据真实性自我举证等制度。还要求监管部门加大弄虚作假行为查处力度，健全行政执法与刑事司法衔接机制，开展联合惩戒，严格问责，形成高压震慑态势。通过深化环境监测改革，多措并举、综合防范，达到切实提高环境监测数据质量，切实提高环境监测数据的公信力和权威性，增强人民群众对环境质量改善的获得感和满意度的效果。

2. 建立环境监测机构监管长效机制

国务院办公厅于2015年8月发布的《关于推广随机抽查规范事中事后监管的通知》（国办发〔2015〕58号）要求，在全国全面推行“双随机、一公开”，即在监管过程中随机抽取检查对象，随机选派执法检查人员，抽查情况及查处结果及时向社会公开。

生态环境部于2018年6月印发了《关于加强生态环境监测机构监督管理工作的通知》（环监测〔2018〕45号），建立了责任追溯制度，要求生态环境监测机构严格执行国家和地方的法律法规、标准和技术规范，建立覆盖全过程的质量管理体系。明确责任，采样人员、分析人员、审核与授权签字人对监测原始数据、监测报告的真实性终身负责，生态环境监测机构负责人对监测数据的真实性和准确性负责。同年，生态环境部印发了《关于进一步加强环境执法“双随机、一公开”工作的通知》，实现全国所有市、县级环境执法机构“双随机、一公开”全覆盖。

（三）监测机构监管开展情况

在国家层面，2015年起，国家开始实施针对社会运维公司技术人员的持证上岗考核制度，以确保社会监测队伍素质。截至2017年，中国环境监测总站累计批准了近900人次持证上岗考核合格。

2018年上半年，全国采用“双随机”方式开展生态环境执法检查26.3万家次，随机抽查发现并查处违法问题1.3万个。严厉打击生态环境监测数据造假等违法违规行为，严肃查处了山西临汾等环境监测数据造假行为，移交司法机关追究刑事责任，并约谈了相关地方政府。

在生态环境部的统一部署下，监测总站配合开展了“生态环境监测质量监督检查三年行动计划”，实施了针对生态环境监测机构数据质量、环境空气自动监测运维质量、地表水环境监测自动监测运维等方面的监督检查，完善了跨部门联合奖励和惩戒工作机制，严厉打击环境监测数据弄虚作假等违法违规行为，促进监测市场健康有序地发展。

在地方层面，地方政府积极贯彻落实中央简政放权的改革精神，在多年实践的基础上，结合本地实践情况，新建或修订了本辖区的社会环境监测机构管理监督措施，在明确监管内容、确定监管主体、各方责任分担、创新监管手段等方面，开展了积极探索和实践。

2009年，四川省发布了《四川省社会环境监测机构业务能力认定管理办法》（川环发〔2009〕106号）及评审技术要求的通知。紧接着，北京市于2009年10月也出台了北京市社会化环境监测机构能力认定管理办法（试行）》。广东省东莞市启动社会化试点，每年通过公开招标的方式，依据综合评分排名确定一定数量社会检测机构进入政府采购服务库；2011年，山东省探索实施城市环境空气质量自动监测站的“转让经营”模式

（TO 模式）运营。

环境保护部于 2012 年 3 月发布了《环境服务业“十二五”发展规划（征求意见稿）》之后，各地不断开展社会化环境监测机构资质认定和管理工作。北京、山西、湖南、重庆、云南等地区为规范准入退出程序，出台了社会化环境检测机构能力认定申办指南、认定程序、技术审核细则、管理办法等相关文件，指导企业依法依规参与环境监测服务，北京市编制了《北京市社会化环境监测机构能力认定申办指南》《能力认定工作程序》《能力认定技术审核细则》；山西省印发了《环境监测机构监测资格认定规程》《山西省环境监测单位监测资格认定标准及认定报告》；湖南省出台了《湖南省社会化环境检测机构监测能力认定管理办法》；重庆市研究制定了《社会环境监测机构能力认定暂行办法》及评审细则等。

为进一步培育和规范监测市场，促进监测资源的合理配置，有效整合社会监测力量，安徽、山西、湖南、云南、贵州、西藏、新疆等地区在监测服务收费、政府购买服务程序、检测机构备案登记、监督管理、检查与考核等方面出台了相应的规定和办法，确保社会检测机构出具的数据满足相关技术规范的要求，加强对已通过认定机构的日常监督和专项监督管理，对检查中发现的问题坚决惩处，进一步规范社会化环境监测管理工作。山西省印发了《关于切实规范社会环境监测机构涉煤监测收费行为的通知》；贵州省出台了《贵州省社会检测机构从事环境监测业务管理办法（试行）》；云南省制定了《云南省社会监测机构年检及考核实施方案（试行）》《云南省社会环境监测机构资格认定和管理办法（试行）》《云南省社会环境监测机构资格认定评审技术规范》《云南省社会环境监测机构资格认定和考核实施方案》；西藏自治区发布了《西藏自治区社会环境监测机构备案登记管理办法（试行）》等。

曾历辉煌再出发（代后记）

中国生态环境监测事业的辉煌成就已如前言所叙，在此不再赘述。监测人自己写监测事业，本来应该得心应手，但有两点使本书的写作并非一帆风顺。

第一，我们从事的是技术工作，对语言文字的把握很难做到驾轻就熟；加之本书的预想读者并不限于业内人士，所以在撰写时想尽量做到：在不影响内容的专业表达的同时，文字要确保通俗易懂。这无疑提高了写作的难度。

第二，本书提纲确定后，先由各业务处室相关技术人员提供素材和各章节的初稿，再由站内文字功底稍好的同志承担各篇及全书的统稿工作。这使得全文的结构安排及文字表述整体性、流畅性和风格一致性略显欠缺。

本书除序言和后记外，分八篇叙述了40年来监测事业的方方面面。

本书的写作是为了回顾新中国环境监测事业走过的不平凡的历程，总结其成就和经验，提炼监测人独有的精神，而这一切都是为了获得继续前行的动力。荣誉只能说明过去，新时代对生态环境监测事业提出了新的要求：围绕打好污染防治攻坚战，尽快完成从传统环境监测向生态环境监测转变。

自党的十七大首次提出生态文明建设以来，党和国家对生态文明建设的重视程度与时俱进：党的十八大报告提出生态文明建设是“五大建设”之一，已提高到国家战略的高度；党的十九大报告在肯定过去五年间生态文明建设成就的同时，指出生态文明建设任重道远，将坚持“人与自然和谐共生”作为新时代坚持和发展中国特色社会主义的基本方略之一；2018年5月召开的生态环境保护大会创造“四个第一”，习近平总书记在讲话中强调“生态文明建设是关系中华民族永续发展的根本大计”。

2018年3月，生态环境部根据第十三届全国人民代表大会第一次会议批准的《国务院机构改革方案》设立。从环境保护部到生态环境部，名称的改变更意味着国家对环境保护工作要求的改变，而这无疑也打响了做好新时代生态环境监测工作的“发令枪”，李干杰部长曾撰示指出：“生态环境监测作为生态环境保护的基础和生态文明建设的重要支撑，是生态环境治理体系的‘顶梁柱’，在污染防治攻坚战中扮演着极为重要的角色，既是作出攻坚战部署与决策的基础，也是检验攻坚战成效的重要依据，地位非同一般。”

我们坚信，在党中央、国务院的深切关怀下，在生态环境部的坚决领导下，全国生态环境监测一定能够加快推进体制机制改革创新，结合政府机构改革和环境监测省以下垂直管理改革，形成权责明晰、责权统一、综合统筹、分工合作的管理体制和运行机制。

在网络建设上，紧紧围绕生态环境治理体系与治理能力现代化，加速完成从传统环境监测向生态环境监测的转型。在工作格局上，努力营造政府主导、社会参与的生动局面，加快形成与生态环境治理现代化相适应的生态环境监测能力。

展望未来，在即将打完本书最后一个句号之时，让我们和读者作一个萨特式的约定：如果您希望了解新中国的监测事业，我们相信这本书不会让您失望，因为我们坚信内心的热情足以弥补笨拙的文字。

新时代污染防治攻坚战的号角已经吹响，环保铁军的先锋队整装待发，在您翻开本书第一页的时候，我们已踏上新的征途。